软装设计的500个灵感

个灵感

灯饰搭配&照明设计

李江军　张之成 等 / 编著

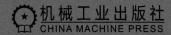

机械工业出版社
CHINA MACHINE PRESS

本书由国内知名的软装专家对 500 个精选的灯饰搭配与照明设计案例进行了深入专业的解析。通过本书，既可以了解灯饰搭配设计的基本理论，又能够借鉴大师案例中精彩的搭配和设计。本书为"软装设计的 500 个灵感"系列图书中的一本，其余分册分别为《软装设计的 500 个灵感 色彩搭配与实战设计》《软装设计的 500 个灵感 布艺搭配与陈设布置》《软装设计的 500 个灵感 饰品搭配与实战摆场》。本书内容丰富，案例精美，将理论与实战设计完美结合，是软装设计的灵感来源，也是室内设计师必备的软装工具书。本书的读者为室内设计师及广大家居设计爱好者使用。

图书在版编目（ＣＩＰ）数据

软装设计的 500 个灵感 . 灯饰搭配与照明设计 / 李江军等编著 . — 北京：机械工业出版社，2018.7
ISBN 978-7-111-60247-7

Ⅰ . ①软… Ⅱ . ①李… Ⅲ . ①室内装饰设计－灯具－装饰照明－设计 Ⅳ . ① TU238.2
中国版本图书馆 CIP 数据核字 (2018) 第 130404 号

机械工业出版社（北京市百万庄大街 22 号　邮政编码 100037）
策划编辑：赵　荣 责任编辑：赵　荣　张维欣
责任校对：白秀君 责任印制：常天培
北京华联印刷有限公司印刷
2018 年 7 月第 1 版第 1 次印刷
210mmx188mm · 12.5 印张　240 千字
标准书号：　ISBN 978-7-111-60247-7
定价：79.00 元

凡购本书、如有缺页、倒页、脱页、由本社发行部调换

电话服务　　　　　　　　　　　　网络服务
服务咨询热线：010-88361066　　　机工官网：www.cmpbook.com
读者购书热线：010-68326294　　　机工官博：weibo.com/cmp1952
　　　　　　　010-88379203　　　金书网：www.golden-book.com
封面无防伪标均为盗版　　　　　教育服务网：www.cmpedu.com

前言

— Foreword —

任何一个令人赞不绝口的软装方案能够让使用者感到舒适，并营造出一种放松的氛围。营造这种氛围，一方面需要设计师的专业知识储备，另一方面需要参考更多的软装图书以加深脑海里的理论知识，夯实基础。一个优秀的软装设计师需要将色彩、家具、灯饰和灯光、布艺、花艺、画品以及饰品等七大元素协调地搭配，在各种灵感的碰撞中，设计出一个完美的方案。

"软装设计的 500 个灵感"系列丛书分为《软装设计的 500 个灵感色彩搭配与实战设计》《软装设计的 500 个灵感灯饰搭配与照明设计》《软装设计的 500 个灵感布艺搭配与陈设布置》《软装设计的 500 个灵感饰品搭配与实战摆场》四本，每本书既有图文并茂的系统基础理论知识，又邀请国内四位知名的软装专家对 500 个精选案例进行深入的专业解析。

色彩是软装设计的基础，不同的色彩具有不同的视觉感受，学习者既需要了解色彩的基本理论，更需要借鉴大师案例的配色技法；灯饰是软装设计中不可或缺的内容，虽然看上去很小，但却很重要，如何搭配灯饰和照明方式，将影响到整体的美感；布艺是室内环境中除家具以外面积最大的软装配饰之一，丰富多彩的布艺装饰为居室营造出或清新自然、或典雅华丽、或高调浪漫的格调，已经成为室内空间不可缺少的部分；饰品是软装设计中的点睛之笔，其中装饰画不仅填补了墙面的空白，更体现出居住者的品位；花艺数量虽少，却能点亮整个居住环境，为空间赋予勃勃生机。

本书前后历时近一年时间打造，内容丰富、案例精美，将理论与实战设计完美结合，是学习软装设计的灵感来源，也是一本室内设计师必备的软装工具书。

目录 Contents

灯饰搭配与照明设计基础入门

灯饰搭配与照明设计是家居生活的重要组成部分，可以通过灯光颜色、灯饰造型等方面烘托出不同的氛围，为室内空间增添更多独特的效果。

01 灯饰搭配和照明设计原则

灯饰搭配是软装设计中非常重要的部分，很多情况下，灯饰会成为一个空间的亮点。欧式风格的家居应多考虑用水晶灯或是镀铬、不锈钢、镀金等五金件制作的灯饰，以彰显雍容华贵之感；中式风格的家居则宜搭配以陶瓷器皿为灯座的带有东方元素的灯饰。推崇现代风格的年轻业主在家中喜欢用皮质的家具，那么建议选择一些有艺术造型的灯饰，或是用特殊的材料，像椰子壳、树皮等制作的灯饰。

在一个比较大的空间里，如果需要搭配多种灯饰，就应考虑风格统一的问题。例如客厅很大，需要将灯饰在风格上统一，避免各类灯饰在造型上互相冲突，即使想要做一些对比和变化，也要通过色彩或材质中的某个因素将两种灯饰统一起来。

灯光照明设计是为了满足人们视觉和审美的需要，使室内空间最大限度地体现实用价值和欣赏价值，并达到使用功能和审美功能的统一。从整体而言，客厅要接待客人、书房要阅读、餐厅要就餐，这些都应该提供比较明亮的灯具，光源选择也较为自由；卧室的主要功能是休息，亮度则以柔和的为主，最好使用黄色光线；厨房和卫浴间对照明的要求不高，不需要太多的灯具，前者以聚光、偏暖光为佳，后者在亮度相当时选择白炽灯会比节能灯更好。

※ 采用主灯与局部照明结合的客厅灯光设计

※ 水晶灯是欧式风格家居的首选

※ 强调温馨氛围的卧室照明

※ 采用主灯与局部照明结合的客厅灯光设计

※ 藤编灯饰的别样风情

※ 金属质感的灯饰适合现代风格

02 掌握光色的基本感觉

在自然光或人造光源照明下的物体都必须具有足够的亮度，人的眼睛才能有对颜色的感觉，当光消失的时候，色彩也随之消失。光和色彩一样对人的心理感受有影响，光用色温来表达，色用色相来表示，两者非常相似。低色温光源好比暖色，给人温暖、兴奋、前进的感觉，能增添欢快活跃的气氛；高色温的光源就好比冷色，给人后退、寒冷、远小的感觉。这样就可以用低色温光线来加强室内木质材料、地毯、织物的柔软感。

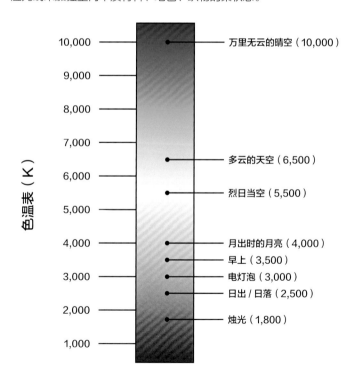

※ 在同一环境下，光源的色温越高，给人的感觉越阴冷；
　　光源的色温越低，给人的感觉越温暖。

03 光源亮度与装饰材料的关系

装饰材料的明度越高，越容易反射光线；明度越低，则越吸收光线。因此在同样照度的光源下，不同的配色方案间，空间亮度是有较大差异的。如果房间的墙、顶面采用较深的颜色，那么要选择照顾较高的光源，才能保证空间达到明亮的程度。对于壁灯和射灯而言，如果所照射的墙面或顶面是明度中等的颜色，那反射的光线比照射在高明度的白墙上要柔和得多。

室内常用装修材料的反射率

材质	反射率（%）
白墙	60~80
红砖	10~30
水泥	25~40
白木	50~60
白布	50~70
黑布	2~3
中性色漆面	40~60

04 常见的灯饰造型分类

灯饰按造型分类主要有：吊灯、吸顶灯、壁灯、台灯、落地灯、筒灯和射灯等。

吊灯除了能够起到照明作用之外，同时还能起到很好的装饰效果。通常，灯头数量较多的吊灯适合为大面积空间提供装饰和照明；而灯头数量较少的吊灯适合为小面积空间提供装饰与照明。

吸顶灯适用于层高较低的空间，或是兼有会客功能的多功能房间。因为吸顶灯底部完全贴在顶面上，特别节省空间。吸顶灯的灯罩有亚克力、塑料和玻璃等类型，选择时应采用不易损坏的材料。

壁灯是安装在室内墙壁上的辅助照明灯饰，较小的空间内，最好不使用壁灯，否则运用不当会显得杂乱。如果家居空间足够大，那么无论是客厅、卧室还是过道，都可以在适当的位置安装壁灯，最好是和射灯、筒灯、吊灯等同时运用，相互补充。

落地灯一般布置在客厅和休息区里，与沙发、茶几配合使用，以满足房间局部照明和点缀装饰家庭环境的需求。落地灯的采光方式若是直接向下投射，适合阅读等需要精神集中的活动，若是间接照明，可以调整整体的光线变化。

台灯的种类很多，主要有变光调光台灯、荧光台灯等。也可以选择装饰性台灯，如将其放在装饰架上或电话桌上，能起到很好的装饰效果。台灯一般分为两种，一种是立柱式的，一种是有夹子的。

筒灯和射灯都是营造特殊氛围的照明灯饰。筒灯通常嵌装于吊顶内部，它的最大特点就是能保持建筑装饰的整体统一，不会因为灯饰的设置而破坏吊顶。射灯分内嵌式射灯和外露式射灯两种，一般用于电视背景墙、酒柜、鞋柜等，既可对整体照明起主导作用，又可以局部采光，烘托气氛。

※ 台灯兼具装饰与局部照明的双重功能

常见壁灯造型

常见台灯造型

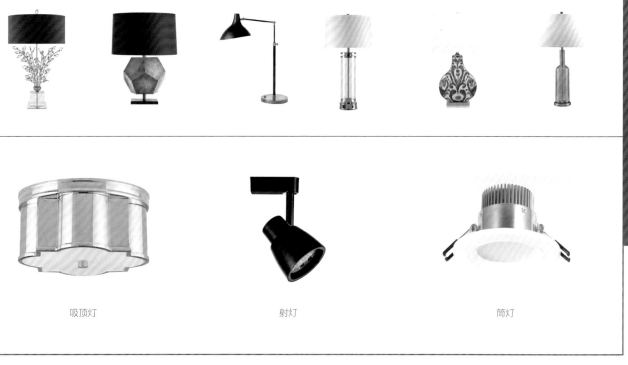

吸顶灯   射灯   筒灯

※ 灯头数量较多的吊灯适合大面积空间的照明

※ 落地灯通常用来满足客厅的局部照明

※ 灯头数量较少的吊灯适合小面积空间的照明

05 常见的室内照明方式

常规照明是为了达到最基础的功能性照明，让整个家居照明亮度分布达到比较均匀的效果，使整体空间环境的光线具有一致性。例如客厅或卧室中的顶灯，达到的就是常规照明的效果。

局部照明可在小范围内以较小的功率获得较高的照度，同时也易于调整和改变光的方向。这类照明方式适合于一些照明要求较高的区域，例如在床头安设床头灯，或在书桌上添加一盏照度较高的台灯，满足工作阅读需要。

混合式照明是在常规照明的基础上，视不同需要，加上局部照明和装饰照明，既能使整个室内空间有一定的亮度，又能满足工作面上的照度标准需要，这是目前室内空间中应用得最为普遍的一种照明方式。

间接照明通常选择隐藏灯饰的方式，形成只见灯光，不见灯饰的画面。它的出现增加了室内环境的层次感，丰富了光环境，是简约风格空间比较流行的照明方式。

重点照明设计更偏向于装饰性，其目的是对一些软装饰品或者精心布置的空间进行塑造，可以让整个空间在视觉上形成聚焦，除了常用的射灯以外，线型灯光也能获取重点照明效果，其光线比射灯更柔和。

常规照明

局部照明

混合式照明

间接照明

重点照明

500 Inspiration 灵感

灯饰搭配与照明设计

灯饰搭配与照明设计方案

灯饰除了有照明的效果，还能起到装饰作用。巧妙的照明设计不仅可以为居住者带来更为安全舒适的居住体验，还可以使整个空间看起来更加美观。

01 室内空间装饰型灯饰搭配方案

装饰型灯饰是指灯饰在材料、造型或色彩上富有创意，能成为一个房间中的视觉亮点。例如很多工艺复杂的玻璃灯既是一个照明工具，同时也是一件精美的艺术装饰品；有些铁艺灯采用做旧的工艺，给人一种经历岁月洗刷的沧桑感，与同样没有经过雕琢的原木家具及粗糙的手工摆件是最好的搭配；纸质灯造型多种多样，可以跟很多风格搭配出不同效果。一般多以组群形式悬挂，大小不一错落有致，极具创意和装饰性；此外，由于木材易于雕刻的特性，可以让灯饰实现多种创意，有的吊灯利用木材模仿橡果的形状，还有的利用圆形镂空木头当作灯罩的吊灯，既精美又实用。

当一个空间仅以装饰灯饰来照明，在夜间空间会给人感觉总是不够明亮，需要加入更多的灯饰，所以在打算使用纯装饰灯饰的时候要谨慎考虑。

※ 装饰型灯饰宛如空间顶部的一件艺术品

※ 玻璃灯

※ 纸质灯

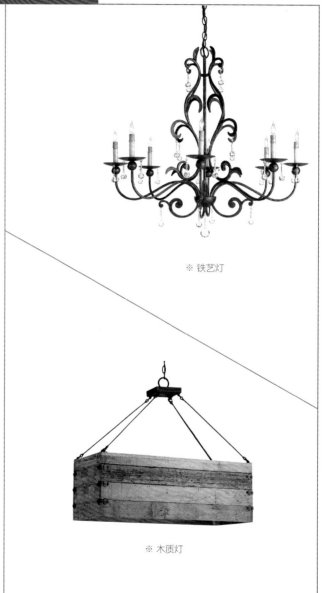

※ 铁艺灯

※ 木质灯

灵感5💡 ▸ **001**

粗犷田园风

空间中的墙面保留了原始的毛石质感，且没有过多地装饰，体现出了材质的自然与朴素。选择一款藤草编制的灯具作为照明及装饰，很好地呼应了整个空间的乡村氛围。

灵感5💡 ▸ **002**

装饰主题空间

本案空间带有些许工业风格的男性气息，飞机造型的灯具可以体现出主题空间的巧思，并很好地装饰了客厅空间，包括一些落地灯、饰品、铁艺茶几都围绕着空间中心，为整体的装饰主题服务。

003

灵感5 ▸ **003**

童趣浪漫空间

从沙发的颜色上可以判断出这是卧室一角的儿童游乐区，因此在灯具选择上为了迎合儿童活泼可爱的特点，选择了彩色的气球灯，缤纷的色彩让整个空间弥漫着童真的浪漫。

灵感5 ▸ **004**

化蝶纷飞

为了呼应空间里的圆桌，设计师在灯具上进行了精心的挑选，如同蝴蝶翅膀般造型的灯具和圆桌在空间里上下呼应，使空间变得完整而协调。

灵感5 💡 ⟩ **005**

黑色球形灯具

开放式的厨房空间在硬装上保留了原有的房屋结构，原木质斜顶使屋内空间层高非常理想。在没有过多装饰的情况下，设计师采用了植物状的黑色圆形组合灯具，成为了空间中最大的装饰亮点。

组合式灯具点缀空间

工业质感的空间，灯饰如同风铃一般挂在屋内的结构梁上，在灯具的选择上，考虑了房屋原结构及色彩特征，比如裸露的红砖以及餐桌餐椅的原木色彩，都在灯具上有所体现，同时还添加了点缀色丰富空间色彩。

灵感5◌ ▸ **007**

休闲放松的室外一角

本案是室外用餐空间的一角，所以在灯具的选择上，也需要考虑到周围的环境。铁丝网编织的灯罩加灯泡的设计非常有新意，极具观赏性和趣味性。木质座椅和卡座的搭配，简单而富有生活气息。

灵感5◌ ▸ **008**

异型灯具增添空间设计感

一般在就餐环境中，圆形的餐桌会选择圆形的灯具来进行搭配。但是这个空间中设计师进行了元素的转化，没有选择古板的圆形灯具，变形的灯罩给空间带来了更多的趣味和设计感。

软装设计的 **500** 个灵感 灯饰搭配与照明设计

灵感5💡 ▸ **009**

童话水晶

整个空间在多种深色家具的搭配下显得华丽而温馨，设计师别出心裁地选择了一款别有浪漫气息的树枝型灯具点缀空间，晶莹剔透的水晶饰面，营造出了童话般的感觉。

灵感5💡 ▸ **010**

简单温馨

这个案例中的卧室灯具虽然看似简单，但却有巧妙构思。整体镂空的造型效果，非常有设计感，如同鸟笼般的造型，让整个空间弥漫着自然温馨的气息，营造出如同田园般的清新氛围。

灵感 5○ ▸ **011**

节日气氛

卧室中最吸引人眼球的要数这棵树枝造型的装饰灯。树枝上满挂的小灯珠，不时地流露出节日的气氛，浪漫而富有情调。

灵感 5○ ▸ **012**

严肃空间里绽放光彩

满墙的厚重护墙板营造出气氛严肃的空间。红色装饰的点缀，舒缓了空间里的肃穆气息，再搭配两款玻璃吊灯和椅子，让整个空间变得更加活泼明亮。

灵感5💡 ▶ **013**

不规则美感

本案空间的采光非常好，并且家具搭配都以白色为主，餐桌则以橙黑色与白色形成冲突，增加了空间的色彩层次。在这样的空间中，搭配金色的灯具，能提升空间的气质。不规则折纸造型的金属灯具，以其独特的质感，成为了空间里的视觉焦点。

灵感5💡 ▶ **014**

世外桃园

这个空间中的元素都非常具象，并弥漫着活力的气息。圆桌上方的灯饰，给空间带来了琳琅满目的装饰感，既像花朵，又像风铃，营造出如同世外桃源般自然浪漫的气氛。

灵感5○ ▸ **015**

金属玻璃质感灯具

本案空间中的灯饰造型如同曲别针,别致的铁艺玻璃灯具和空间中家具的镶边形成了很好地呼应,让整个空间更加统一。同时,灯具的艺术造型很好地点缀了这个线条简约的空间。

灵感5○ ▸ **016**

窗中风景

圆形餐桌上悬挂的金属玻璃吊灯,满足了就餐环境的基本照明需求。独特的造型好似树上丰收的果实,成为了窗中的风景。一侧的隐藏灯带,在顶面空间营造氛围,局部的筒灯增加了空间的灯光层次感。纱帘和皮质座椅,选择了灰浊色调,营造出舒适的就餐环境。

灵感5💡 ▶ **017**

温暖空间

用羽毛质感的灯具作为空间中的照明及装饰，可以很好地提升家居的空间品质。在本案中，设计师选择了一款巨大的毛茸灯具，以其柔美的质感和色温，为空间营造出了舒适温暖的感觉。

灵感5💡 ▶ **018**

海之号角

在这个以灰色和绿色为主的空间中，设计师选择了组合式的陶瓷灯具，有秩序地悬挂在空中。陶瓷灯具蓝白相间，犹如海中的海螺号角，打破了空间的沉闷感。

灵感5 ► **019**

星系灯具

灯具对于家居环境的营造至关重要，在本案中，设计师利用别墅空间层高的优势选择了一款星系灯具，增加了空间的装饰效果。犹如漂浮在宇宙空间中的星系灯具成为了整个空间的视觉亮点。

灵感5 ► **020**

灯具成为空间主导

本案空间除了可作为用餐区外，还有会议空间的感觉。空间中的两个黑色圆形灯具装饰效果非常突出，且极具张力，但由于灯具的颜色和餐桌餐椅的统一，所以在视觉上并没有偏离整体的空间主题。

灵感5○ ▸ **021**

把自然元素带入卧室

虽然这个卧室空间因窗户小巧而显得有些密闭,但在灯具造型上巧妙地融合了花艺元素,缓解了空间的局促感,包括墙面两侧的壁灯也是如此,整个空间显得自然而浪漫。

灵感5○ ▸ **022**

珠帘式玻璃吊灯

在客厅空间中如果层高允许,可以选择大型的灯具作为家居照明和装饰。在本案中,设计师选择了一款金属的手工珠串式吊灯,以其华美的造型和质感,完美地提升了空间的装饰品质。

灵感5○ ▸ **023**

华丽的凝望

在一般的家居空间里,很少会在顶面做重色搭配,但在本案例中,设计师别出心裁的把顶面做成了蓝色,并且选择高反光材质,同时搭配了一款金属大型吊灯,给空间增加了华丽的感觉。

灵感 5○ ▸ **024**

蓝色烂漫

整个空间以蓝色调为主，以一款非常浪漫的花朵式大型灯具作为空间的装饰，为了和空间的主色调统一，灯具在色彩上也使用了蓝色的花朵作为呼应。

灵感5⃝ ‣ **025**

童话水晶吊灯

进入到这个空间中时，玻璃餐桌上的水晶吊灯映入眼帘，视觉效果非常震撼。枯藤上挂着水晶，营造出童话般的浪漫享受。

灵感5⃝ ‣ **026**

给冰冷带来一丝暖意

整个空间用了大理石桌面、乳胶漆墙面，还有皮质座椅。给人简洁干净，但略带冰冷的感觉。设计师以极具创意的思维，选择了一款草编的灯具暖化了空间中清冷的气氛。

灵感5○ ▸ **027**

有序空间

本案空间以粉色和蓝色为主色调，在窗帘、座椅以及灯具的选择上，都运用了统一间隔的手法，在丰富空间色彩的同时，也让空间更为有序。

灵感5○ ▸ **028**

温润木色

整个空间是以温润的木质材质为主格调，搭配本色灯罩的两款吊灯，在整个空间中非常地抢眼，在颜色和形式上都与空间中的硬装搭配协调一致。

灵感5🌀 ▸ **029**

营造室内会客休闲一角

本案是休闲读书区及会客区域的空间。宽大的书架给空间带来了浓厚的文化气息。设计师在这样的空间中选择了一款非常有设计感的灯具造型，打破了空间的严肃和沉闷。

灵感5🌀 ▸ **030**

裸漏空间原始结构美

整个空间在硬装上，保留了原屋顶的旧梁，硬装没有过多的装饰，只是进行了软装的搭配。从屋顶垂下来的蓝色吊灯，成为了整个空间的视觉中心和亮点。

灵感5○○ ▸ **031**

在白色空间绽放光彩

本案的墙面并没有过多的色彩，整体以白色调为主，但是空间中的软装色彩极为丰富，有黄色、绿色、黑色、橙色和深红色等。在这么多的色彩当中，有了黑色台灯和铜质吊灯的调和，使空间既丰富又不显凌乱。

灵感5○○ ▸ **032**

铁艺元素营造欧式气息

本案空间以铁艺元素居多，在灯具上也如此，设计师选择了一款白色，造型以欧式卷草纹为主的烛台吊灯，体现出庄严浪漫的欧式气息。

灵感5 ▸ **033**

将自然景观引入室内

这个用餐空间可以直接看到花园的景色。使用了外景内用的手法，整个空间没有过多的装饰。餐桌上方的灯具成为了空间里的视觉中心，绿色的搭配和窗外的绿植形成了很好的呼应。

灵感5 ▸ **034**

张力飞扬

在这个空间中，设计师选择的灯具造型非常有装饰性和艺术性，在形状上体现了十足的张力，但是金属的颜色又和整个空间的格调相吻合，并不显得突兀。

035

灵感5⃝ ▸ **035**

玻璃的质感带来神秘气息

本案空间色调稳重低沉，容易给人过于严肃沉闷的感觉。以玻璃材质为主的长形装饰吊灯，在空间中营造出了梦幻般的感觉，同时也缓解了整个空间的沉闷和严肃。

036

灵感5⃝ ▸ **036**

梦幻灯具艺术

本案是酒店或会所的吧台空间，灯具的造型非常突出，并且极具张力，蓝色的灯光与空间中吧椅的颜色得到呼应。奇幻缤纷的空间表现，引领了整个空间的装饰效果。

灵感5○ ▸ **037**

集中体现形式美感

在本案例中家具的造型、空间的颜色以及吊灯的选择，都给人一种庄严之感。灯具的排列和餐桌、蜡烛的排列都整齐有序，让空间呈现出一种认真严肃的氛围，令人心生敬畏。

灵感5○ ▸ **038**

洁白绽放

灰白色的空间色彩给人一种轻松自在的感觉。在这样的空间里搭配一款非常优美并富有创意的灯具，如同花朵涌现的造型，很好得起到了装饰空间的作用。由于空间当中已有很多装饰品，因此灯具在空间里并没有因造型特殊而显得孤立。

灵感5○ ▸ **039**

羽毛灯给人以柔软舒适之感

本案空间以灰色调为主。餐桌上的羽毛
灯具让人眼前一亮，以其柔和的质感，
给人温暖柔软的感觉，以温和的色彩打
破了空间里的单调气息，显得稳重又不
失烂漫。

灵感5○ ▸ **040**

点点星光赋予空间奢华气质

金色的点缀让空间饱含辉煌的气息，有
贵气十足的感觉。在这样的空间里选择
一款水晶璀璨地灯饰零星地点缀在用餐
空间，再以空间里的金色搭配，营造出
浪漫璀璨的用餐氛围。

02 室内空间局部照明设计方案

客厅中的局部照明可以选择台灯或落地灯放在沙发的一端，让不直接的灯光散射于整个客厅内，用于交谈或浏览书报；卧室中最常见的局部照明是在床头柜上摆设台灯，对面积较小的卧室空间，通常可以根据风格需要选择小吊灯代替床头柜上的台灯；书房中的局部照明通常使用台灯，宜用白炽灯为好，瓦数最好在 60 W 左右为宜。书桌台灯配置的最佳位置是令光线从书桌的正上方或左侧射入，不要置于墙上方，以免产生反射眩光；卫浴间中可考虑在镜面的左右两侧安装壁灯作为局部照明。如果条件允许，也可在镜面前方安装吊灯，这样一来，灯光可直接洒向镜面。但同时要保证照明光线的柔和度，否则容易引起眩光。

现代设计都非常强调艺术造型和装饰效果，所以床头台灯的外观很重要。一般灯座造型或采用典雅的花瓶式，或采用亭台式和皇冠式，有的甚至采用新颖的电话式等。

※ 卫浴间左右两侧安装壁灯作为局部照明

※ 客厅中通常选择落地灯作为局部照明

※ 书桌上的台灯提供书房的局部照明

※ 床头柜上摆放的台灯作为局部照明

灵感5⃝ ▸ **041**

灰白绅士

本案是欧式的卧室空间，没有采用主灯设计而是做了重点的局部照明。尤其是天花的暗藏灯带设计，提亮了卧室墙面的边缘，利用光的反射原理间接照亮空间，增加了空间的延展力。床头的吊灯，增加了空间的艺术性，天花板内的暗藏筒灯，也是经过思考而设置的，集美观和实用于一体。

灵感5⃝ ▸ **042**

金属灯具之美

入户处顶面四个筒灯的设计，满足玄关的照明需求；电视柜两侧的壁灯采用间接光源，增加了空间的灯光效果；沙发一侧的落地灯满足了局部照明需求，还为空间增添了休闲放松的气氛。整体偏浅咖色的墙面，配合灯具的金属质感，形成了别具一格的空间气质，于朴实中又透露着低调奢华。

灵感5○ ▸ **043**

光与家具的爱恋

灯光是室内设计非常重要的部分，如果能融入于家具中，会让它的功能更多元化，也让家具成为了空间装饰的一部分。书架顶板灯的设置不但可以照亮物体，也起到了美化空间的作用。床头的光影变化为空间增添了光的表情。

灵感5○ ▸ **044**

冰雪情缘

纯白色的北欧风格居室空间，搭配简洁的黑色铁艺球形光源，床头柜两侧同种形状的灯型，用不同形式呈现出来，为空间营造出了别样的气氛，并且成为了空间里的亮点。床头两侧的壁灯，起到了辅助照明的作用，简洁而实用。冰雪般全白的空间搭配绿色的矮床，在颜色上形成了极大的对比，丰富了空间的色彩。

045

灵感5 ▸ **045**

过道空间的灯光设计

在走廊的尽头进行灯光设计,可以引导人的视线,起到强调空间的作用,楼梯口位置采用了上下半间接照明的壁灯,光源打亮了天花板,在反映空间材质的同时,也起到了指示作用,减少了压抑的感受。

046

灵感5 ▸ **046**

雨后蘑菇

落地灯的设计除了满足局部的重点照明外,也有点亮空间一角的作用。落地灯的大小,和空间中低矮的沙发形成了高低错落的对比。落地灯的形状,和原木色的低矮茶几搭配巧妙,所呈现出的视觉效果,让人想起了雨后从泥土中长出来的蘑菇。两个灰色低矮的沙发,在空间里搭配出冲突的美感,并以颜色,拉开了与白色灯具的关系。

047

048

灵感5 ▸ **047**

红色现代落地灯

本空间采用了混搭的手法，在空间中的中式家具，和现代简约的家具进行了碰撞。选择一盏现代的落地灯，在颜色上和沙发相互呼应。设计师没有让这两处的红色单独出现，墙面的装饰画，以及角落的垃圾桶都使用了红色，多处点缀的红色，让空间更富有活力。

灵感5 ▸ **048**

装饰性很强的壁灯

这是一个装饰主义风格居室空间的一角。壁炉是空间的主要角色，在壁灯的选择上，采用了形式感特别强，又带有装饰意味的造型，并在材质上和壁炉有着很好的呼应。两边的单椅也在灯光的配合下，渲染着空间的华丽感。空间中高反光材质的运用，使这个简单的空间倍增光彩。

灵感5〇 ▸ **049**

别具一格

本案中设计师没有进行主光源的设计，而是大胆地采
用间接光点亮空间的手法，营造出了休闲气氛很浓的
空间氛围。沙发一角的吊灯设置得恰到好处，而且没
有过多地装饰，营造出了休闲的气氛。电视墙的暗藏
灯带，以斜线照明的设计成为了空间中别具一格的灯
光装饰。

灵感5〇 ▸ **050**

反光的美感

想呈现休闲舒适的感觉，则灯光不能过亮，而且还要
增加灯光的光暗比，这样才能呈现出暧昧而神秘的空
间气氛。空间中大量地采用了高反光的大理石材质，
矮几的材质包括吧台，也同样运用了高反光的不锈钢
材质，在光线的衬托下体现出了空间的奢华与贵气。

灵感5⃝ ▸ **051**

富贵花开

从空间中壁纸的色彩和纹样，可以感受到本案是一个柔美的女性空间。沙发一角的落地灯满足了阅读时的重点照明。落地灯造型简单，和空间中的其他陈设，共同围合出了一个清新大方，而且自然舒适的现代家居空间。

灵感5⃝ ▸ **052**

光影成为墙面的装饰表情

现代空间的楼梯照明，顶面采用了嵌入式筒灯，符合空间的风格。由于层高的特殊，设计师并没有采用吊灯的设计，而是使用了两盏半间接照明的壁灯，用光斑妆点了墙面。空间中大胆地运用了深灰色，和白色的顶面、墙面形成了强烈的对比，增加了现代风格简约利落的空间氛围。

053

灵感5 ▸ **053**

层次分明的卧室灯光

卧室是休息的空间，对光线有着特殊的要求，除了满足基础的照明外，还应该考虑平衡亮度和营造氛围。床头暗藏灯带的设计，提亮了墙面又反应出墙面材质。空间当中没有采用主光源的设计，而是用筒灯进行灯光点缀，起到均匀照明的作用，沙发的休闲一角放置了落地灯，在营造局部空间灯光气氛的同时，也起到了重点照明的作用。床头两侧高低错落的吊灯和一侧的台灯，增添了空间的趣味性。

054

灵感5 ▸ **054**

光引导视线

欧式风格的空间，可以看出整个走廊没有什么光源的设置，只有两侧装饰性极强的壁灯发出微弱的光晕，设计师采用内透光的手法，让里面的光线通过夹丝玻璃溢出，用过道的昏暗，对比出了室内的明亮与华贵。

灵感5○ ▸ **055**

深浅对比增加空间层次

主体呈白色的台灯放在深色的壁纸前，在空间的色彩上增加了层次，也和空间中的装饰画以及床头布艺形成呼应。白色在空间中起到了点缀作用，深浅的强对比，烘托出了空间的个性与气质。

灵感5○ ▸ **056**

光之饰

朴素又带有怀旧感觉的居室空间，在配饰和家具的选择上也要符合这样的气质。选择一款黄铜拉丝带有怀旧感的灯具，让空间弥漫着怀旧的气氛。墙面一侧的壁灯把座椅区域照亮，提供了阅读时的辅助照明。壁灯采用了上下出光、半间接式的光源，下照满足了空间照明的需求，上照则增加了空间感。

057

灵感5○ ▸ **057**

带有中式意味的台灯设计

本案是欧式风格的家居空间，设计师却融入中式元素，选择了一款结合中式元素的台灯，青蓝色瓷器的狮子底座，仿佛在守着一方土地，弥漫着东情西韵的气质。灯具上黄蓝的对比很是抢眼，并且和床上的黄色抱枕形成了呼应。

058

灵感5○ ▸ **058**

一束光照亮一方天地

温馨的居室一角，自然采光充足，搭配鲜艳的色彩，清新而浪漫。沙发一角的灯具，既满足了阅读时的灯光需求，又成为了空间中的亮色点缀，格外引人注目。

灵感5◯ ▸ **059**

甜色香橙

本案是一个白色清新的空间，床头背景采用了橙色的主题，床头上方的吊灯，和床头软包的颜色形成了呼应。设计师为了把橙色主题贯穿在空间中，在灯具颜色的选用上，也和床头背景色调形成了统一。悬挂式的吊灯在满足功能性照明的同时，也成为了空间中的视觉亮点。

灵感5◯ ▸ **060**

奢华绅士黑

本案例运用了黑色漆制的屏风，因此设计师也选择了一款黑色哑光质感的台灯，与之呼应。台灯发出的光斑照亮了空间一角，既满足了局部的辅助照明，还营造出了愉悦的气氛。

灵感5 ▸ **061**

温馨的等候

酒店进门处的等候空间，虽不起眼，但是对墙面做了壁灯的设计，营造出温馨舒适的等候一角，同时也成为空间里的焦点。壁灯上下出光，选择了半间接式照明，所形成的光晕效果，为空间墙面增添了光的表情。

灵感5 ▸ **062**

低温光源带来的温馨

本案是一个咖色调的现代简约居室，电视背景墙的背色温选择了2800k，提亮了电视墙的上下空间，同时也反应了墙面的材质，增加了空间的层次感。在观影期间也能让眼睛得到一定舒缓。角落地灯的颜色和空间里的背景色协调统一，简约大方，并富有金属质感。

灵感50 ▸ **063**

组合手法丰富空间质感

本案卧室空间的设计简洁而素雅，床头的金属吊式台灯，在颜色上成为了空间的亮点。墙面的木质硬装饰面板，和空间中的床品色调相呼应。床头正中的冷色装饰画，为空间的颜色拉开了层次，也打破了这种沉默感，床头吊灯的金属反光材质，丰富了空间的质感。

灵感50 ▸ **064**

色彩贯穿的美感

床头上的四盏吊灯以黄色和灰色搭配，完全地融合了空间的色调。其中灰色的吊灯和背景墙颜色一致，另外两盏黄色吊灯则与床品色彩一致，因而整个空间在视觉上极为统一。运用色彩贯穿整体空间氛围的设计思路，值得学习。

灵感5💡 ▸ **065**

灯泡吊灯

北欧风格的居室空间，没有使用繁琐而复杂的吊灯，而是选择一个简约的灯泡吊灯作为床头照明，符合北欧风格极简的特征。空间是以温馨的浅橙色，调配浅灰色的墙面，让清新的空间又带着温度。墙上的装饰画在吊灯的映衬下增添了画面的平衡感。

灵感5💡 ▸ **066**

不对称的美感

走廊的一角，传统的做法是选择对称式的灯具，但是在本案中，设计师别出心裁地用左面采用壁灯，右面采用嵌入式筒灯的照明手法，形成了不一样的灯光对比，增加了空间的趣味性。用光的手法不同加上材质的不同，使空间更有美感。

灵感5 ▸ **067**

多层次照明营造卧室情调

卧室是睡眠的地方，灯光设计应以舒适自然为主。设计师没有采用传统的单一主光源的手法，而是大量采用间接灯光，营造出一个较为幽暗的卧室空间，在床头上方的两个嵌入式筒灯，打亮了床头区域，并且很好地反映出了床品的质感。两边的悬挂式吊灯，满足了基本照明要求，同时悬挂的形式平衡了空间视觉。

灵感5 ▸ **068**

大堂放松一角

会所大堂区的休息一角，一盏落地灯、黄色的漆面沙发，再配上红酒营造出了一个轻松雅致的氛围。一侧的酒架以嵌入式顶板灯照亮了陈列的物品，地面黑色条纹大理石，和高亮的黄色形成了奢华的色彩对比，提升了空间档次。

灵感5💡 ▸ **069**

青涩季节

传统的欧式风格空间，墙壁上的壁灯发出的温暖光晕，给空间增
添了温度，并成为空间的焦点，吸引人们靠近。火光及灯光的温
度和大面积的豆青色形成颜色上的对比，为清冷的居室环境带来
了生机与活力。

070

071

灵感5💡 ▸ **070**

小巷深幽

本案是居室入户玄关的一角，设计师利用壁灯、嵌入式筒灯，还有庭院风格的蜡烛灯营造出丰富的灯光层次，配合麻质竹叶内纹理壁布，搭配出中式意境。由于设计师在入户墙面选择了竹叶的图案，再加上多层次的灯光配合，营造出了中式风格的深幽、隐约、意境之美。

灵感5💡 ▸ **071**

银色灯具的柔美气质

本案空间在不起眼的一角，进行了简单的陈设搭配，呈现出了女性空间的特质。空间中护墙板和沙发在色彩上同为白色，相互呼应，浅色的圆几、白色的纱帘、鱼线灯，质感虽不同但都使用了银色，色彩上的多层呼应形成了一个浅调的空间，淡雅而舒适。

03 室内空间灯带照明设计方案

很多空间中的主灯只是起到装饰作用，真正照明需要用到的是灯带光源。客厅顶部安装灯带是目前比较流行的照明方式，这种照明方式要求控制好光槽口的高度，不然光线很难打出来，自然也会影响到光照效果；卧室的床头背景或床的四周低处使用照度不高的灯带，可以更好地营造睡眠氛围；有的厨房在切菜、备餐等操作台上方设有很多柜子，也可以在这些柜子下面安装灯带，以增加操作台的亮度；卫浴间有镜柜时，可以在柜子上方和下方安装灯带，照亮周围空间。采用这种灯光处理方式，不仅能够提升镜边区域的照明亮度，还可大幅度提升镜面在空间中的视觉表现力。

选择灯带照明的设计方案时，墙面颜色尽量选择浅色，白色为最佳，因为颜色越深越吸光，光的折射越不好。

※ 卧室中的灯带照明可以更好地营造睡眠氛围

※ 客厅顶部的灯带照明

※ 橱柜吊柜下方安装灯带提升操作台亮度

※ 卫浴间镜柜上方安装灯带照亮周围空间

灵感5 ▸ **072**

小空间的灯光设计

储物间的光线是很重要的，在每一个开放式的格子空间当中，都进行了嵌入式灯带的设计，把每一个格子空间无死角地照亮，方便主人挑选物品。4000k 的色温，使整个空间显得干净明亮。顶面一圈隐藏式灯带的设计使小空间变得开阔，从而缓解了局促感。

灵感5 ▸ **073**

镜后灯

在镜面的四周开辟隐藏式镜后灯区域，在看不见灯具的情况下，使灯光更易烘托该区域的氛围，有助于减少使用者在化妆时，因为光线不均匀产生的面部阴影。墙面的瓷砖和洗手盆的台面在颜色以及材质上都很接近。深木色的浴室柜，给小空间带来一丝严肃庄重的感觉。

灵感5○ ▸ **074**

隐藏式灯带为空间提供环境光

在客厅过道和餐厅区域，铺设大量的隐藏式 led 灯带，增加了空间的环境光。整个空间都采用灰冷蓝的色调，点缀的黄色光线给空间增添了温度，方形嵌入式筒灯正好呼应了顶面的现代简约直线条。

灵感5○ ▸ **075**

体现造型结构的灵动感

这是一个休闲会客的空间，家具整体的摆放和颜色搭配都呈现出一种轻松又不失严谨的感觉。天花水波纹的造型元素，加入隐藏式的灯带，增加了空间的层次感，立体地呈现出了天花水波纹的效果。沙发后面的埋地灯照亮了每一根木格栅，给空间增加了趣味性。

灵感 5 💡 ▸ **076**

流线型的造型配合光线使空间更灵动

顶面圆形的造型和墙面弧线的造型，很好的
增加了空间的流线感，墙面的小方形造景和
桌子的方形正好和空间形成了方圆的对比，
从而丰富了空间里的线条。顶面的条形灯带，
增强了视觉的延伸感，并且呼应了墙面流线
型的造型。天花的嵌入式灯照亮了两边墙面
的材质。小景上方的射灯起到重点照明的效
果，丰富了空间的层次。

灵感 5 💡 ▸ **077**

陈列展示的照明效果

大面积的藏书书架，除了有藏书的功能外，
还可以进行艺术品的展示。设计师采用了在
顶板的前端，镶嵌顶板灯的做法，照亮了书
架的局部空间，使陈列柜中的艺术品散发出
独特的光泽。两面墙的大型书架和会客区域
的地毯相互呼应，形成了三面围合的重色空
间。

078

灵感5⊙ ▸ **078**

以假乱真的自然光

设计师在书房运用素色水泥墙面等天然材质，加上模拟自然光的效果，增添了书房的舒适度。墙面到地面嵌入式的灯带照亮了地面的暗色，使狭窄的空间有一定的延展度，缓解了小空间的局促感。

079

灵感5⊙ ▸ **079**

酒店大堂空间

本案是一个层高很高的酒店大堂空间，中间的大型吊灯主要起到装饰的作用，而不是采光与照明的全部来源。设计师选择了隐藏式led灯的设计，勾勒出了建筑的结构，柔和的灯光效果，在空间中烘托出了休闲放松的感觉。

灵感5○ ▸ **080**

延伸空间的魔法

借由间接光对视线的引导让客厅空间往餐厅延伸，同时在两个连通的空间当中保持一致性。所有的窗帘都进行了隐藏式灯光的设计，照亮了窗帘的质感，同时也增加了空间的开阔性。餐桌上的玻璃吊灯以棱角设计和玻璃的质感，很好地融合了空间的整体设计风格。

灵感5○ ▸ **081**

安全提示设计

在卫生间有落差的地方增加灯带的设计，除了能提供安全指示以外，还可以强调空间落差，增加空间的层次感，上下的灯带设计也迎合了空间简洁的主题，浴室柜下面的灯光设计，为打扫提供了方便。

灵感5○ ▸ **082**

书柜灯光设计

从实用性的角度来讲，如果想要书柜区域获得较好的照明效果，可以试着在书架隔板的顶部安装线型隐藏式的led灯带，除了在顶板的前端安装以外，将灯具置于顶板的后方，也可以获得不错的效果，并且能在隐约中产生放大空间的感觉。

灵感5○ ▸ **083**

用光的利落呼应材质

整个空间纯白而素雅，采用了小面积的黑色进行重色点缀。电视墙大面积采用了冰冷的石材，搭配隐藏式灯带，不但间接的照亮了石材的质感和纹理，还起到了在观看节目时进行补光的作用，缓解了眼睛的疲劳。

灵感5○ ▸ **084**

点线面的光源打造不一样的空间感觉

本案空间运用了条形间接灯，作为空间的主光源照明，条形灯具和空间中直线的造型，包括家具的棱角，都形成了很好的呼应和勾勒。二楼的点光源并列设置，很好的形成了面光，照亮了墙面的纹理。

灵感5🔆 ▸ **085**

线性灯光凸显室内设计风格

入户门和侧面隐形门的处理，还有白色和棕色的干净搭配，整个走廊的风格呈现出一种极简主义格调。为了和整体风格相搭配，天花均匀等分的条形灯光呼应了整个空间的风格，并且成为空间中很好的灯光装饰。墙面地脚灯的设计满足了下部空间的照明需求，而且地脚灯的形状也体现出了空间里所包含的现代简约之美。

灵感5🔆 ▸ **086**

条形灯带呈现繁简有序的对比

楼梯的灯光设计很好地深藏了光源，满足了基本的照明需求，并且从下往上提亮了红砖墙，凸显了墙面凹凸不平的肌理，添加了空间的视觉效果。红色的砖墙和左面的白墙形成了繁简有序的对比，呈现出了对比的美感。

087

灵感5◦○ ▸ 087

与自然共处一室

本案空间的自然采光非常充足，设计师没有采用主光源照明而是选用了大量间接照明的手法，营造居室空间大气浪漫的气氛。敞开的推拉门设计把室外的景色和室内很好地连通在一起，弥漫着自然清新的氛围。

088

灵感5◦○ ▸ 088

间接照明有效的烘托了卧室的气氛

卧室空间的光线不宜太强，色温也不宜过高。由于床头背景墙有陈列展示的功能，所以在灯光上采用了嵌入式顶板灯的照明手法，照亮了储物格中的物品。床头柜两侧的台灯在造型上简约大方，和整体空间的气质相呼应，并以对称的造型有效的平衡了空间。床头背景的隐藏灯带，营造出有助于睡眠的空间氛围。

089

灵感5 ▸ **089**

过道空间灯光处理

设计师在储物柜后面增加了背光的设计，增加了空间向外的张力。本案空间是一过道的公共区域，采用大量的灯带间接照明，可以提高过道的空间感。过道顶面的暗藏式灯带，起到装饰及提升空间的作用，加以筒灯的点缀，为空间提供了重点照明。

090

灵感5 ▸ **090**

led 隐藏式灯带

本案空间的整体风格为现代简约，利落干净。在厨房吊柜下方设置内藏 led 灯带，照亮了厨房的操作台，一侧台阶内藏灯带则提醒了地面的落差，从而提高了安全性。橱柜整体悬空，在悬空下面进行了隐藏式灯带的设计，和一侧的台阶内藏灯带在形式上形成了呼应。

灵感 5○ ▸ **091**

用光的繁简对比

右面的多层置物架是本案空间的亮点，设计师采用了背光的照明手法，不但照亮了置物架上的物体，同时也体现了大理石的质感，并且让本来是过道的狭窄空间，有了开阔的感觉。置物架的暗藏灯光，间接地照亮了过道空间，满足了过道的基本照明。

灵感 5○ ▸ **092**

用灯光增添未来科技感

为了在家居空间营造出与众不同的前卫时尚感，将天花板与电视墙打造成不规则形状，再嵌入 led 灯，用光勾勒造型增加了空间的层次。在沙发背景墙上也采用了造型起伏的嵌入式 led 灯，让整个空间显得动感十足。

093

灵感5○ ▸ **093**

直线条的灯带设计演绎现代主义

设计师大胆地运用 led 灯带作为空间当中的主要照明，背景墙使用了不规则的饰面板，并内藏led 灯带和空间中的间接照明形成呼应。帅气而大胆的空间分割，手法干净利落，顶面的造型和立面的手法一致，集中地体现出了本案空间的现代风格。

094

灵感5○ ▸ **094**

提升空间感的照明案例

本案卧室的自然采光非常好，但由于房间内的层高不够，所以舍弃了各种华丽的大型灯具以及主灯照明的方式，采用了符合天花结构的暗藏式灯带，并加以筒灯的点缀，显得大气而浪漫。

500

Inspiration

灵感

● 灯饰搭配与照明设计 ●

室内风格的灯饰搭配与照明设计灵感

不同的软装风格对于灯饰的选择要求也不一
样，只有搭配得当，才能在色彩、材质、风格
上保持一致。所以在选择灯饰时，应结合居室
的整体设计风格进行挑选。

01 北欧风格
灯饰搭配与照明设计

北欧风格的灯饰设计极富生命力，同时充满人文关怀。北欧风格空间选择灯饰时应考虑搭配整体空间使用的材质以及使用者的需求。一般而言，较浅色的北欧风空间中，如果出现玻璃及铁艺材质，就可以考虑挑选具有类似质感的灯具。北欧风格和工业风格的灯饰有时有交叉之处，看似没有复杂的造型，但在工艺上经历了反复推敲，使用起来非常轻便和实用。例如有些几何灯饰由一根根金属连接铸造成各种几何形状，中间简单地镶入一盏白炽灯，可打造出极简的北欧风格。

此外，北欧风格清新而强调材质原味，适合造型简单且具有混搭味的灯饰，例如色彩白、灰、黑的原木材质灯具。

※ 线条简洁的落地灯

※ 兼具装饰与照明功能的北欧风格灯饰

※ 北欧风格餐厅中的玻璃吊灯

※ 白色吊灯在北欧风格空间中较为常见

灵感5💡 ▸ **095**

淳朴自然的北欧灯饰

北欧风格空间里的家具，在颜色上多以白色为主。纯白的家具、地面木质鱼骨拼接，让大面积的白色和暖黄色形成对比，显得干净大方。在灯具搭配上也延续了一贯的风格特征，黑色半圆吊灯体现了北欧风格质朴简约的气质。

灵感5⚪ ▸ **096**

一轮圆月

这个空间最大的优势就是层高，并且保留了原结构的斜屋顶。墙面以白色乳胶漆为主，没有多余的装饰。球形的灯具在空间当中显得简洁大方，犹如一轮明月悬于空中，虽然形式简单，但装饰性强且能满足日常照明。

灵感5⚪ ▸ **097**

活泼清新的北欧餐厨空间

整个空间以黑白为主色调，杂乱而富有创意的球笼型吊灯是空间中的亮点，巧妙且极具装饰效果。墙上色彩分明的装饰画、柜子中的瓶瓶罐罐、墙壁上的墙贴以及台面上的水果，这些高饱和度元素的搭配，让整个空间瞬间活了起来。

灵感5💡 ▸ **098**

弥漫怀旧气息的开放式厨房

北欧风格的敞开式厨房，所有墙面的柜体和顶面的木质结构都以白色为主，只有地面和底柜是原木本色。上下两种材质的色彩差异，在视觉上增加了空间的层次感。粉中透白的球形吊灯以其圆润的外形和柔和的色彩，软化了整个空间，虽然简洁却极具装饰性。

灵感5💡 ▸ **099**

简单的色调营造干净的空间

北欧风格多以白色和黑色的搭配来凸显空间的明亮简洁。本案例是以白色和灰黑色搭配，让整个空间呈现出简单大方的明亮感。玻璃花器里的绿植成了空间里最亮眼的点缀。吊灯灯罩上下黑白分明，和墙面的壁灯在形式上形成统一。

灵感 5 ▸ **100**

富有层次感的女性空间

餐区上方活泼并有文艺范的灯具巧妙地在色彩上呼应了每一把座椅，木质地板与木质餐桌的呼应也紧随其后，多层呼应的空间让家居质感更为丰富。远处粉色的橱柜以及餐桌上粉色花卉点缀遥相呼应，让整个空间弥漫着女性的柔美气质。

灵感 5 ▸ **101**

让优雅在简约的气质里流淌

沙发背景墙和桌面的材质，在颜色上高度统一。墙上铁艺英文字母装饰减轻了空间的压迫感和沉重感。木质茶几上的简单绿植和地上的绿色地毯相呼应，给空间增添了无限的生机。灯具的选择轻巧而实用，角落桌上的台灯驱赶了背光空间的阴暗。空间里所有的搭配都呈现出简约优雅的气质。

灵感5⃝ ▸ **102**

透着自然气息的木质吊灯

在蓝橙为主色调的空间中，搭配工业感很强的餐椅，增添了空间的趣味性。桌子上方的吊灯以其原木质的外框架，将大自然的气息带到了整个空间中，暖黄色的灯泡散发着舒适的色彩。

灵感5⃝ ▸ **103**

金色晨曦

在这个北欧风格的餐厅空间中运用了原木色，展现出自然浪漫的气息，再搭配白色家具让整体空间显得干净而简洁。在餐桌的上方选择了一款橙色金属吊灯，简约而大方，暖暖的色彩给人以温馨舒适的感觉。

灵感5♡ ▸ **104**

让小灯饰在大空间里绽放光彩

设计师尊重原建筑的结构，没有过多的装饰，保留了梁和受力钢筋，毫不遮掩的设计反而在空间中形成了强烈的艺术美感。在灯具的选择上也没有顺应大空间的大型灯具，而是选择装饰性的小巧灯具点缀在空间中，让整个空间显得更为宽敞且不凌乱。

灵感5♡ ▸ **105**

让室外风景成为家居的装饰画

开放式的设计很好地把室内和室外贯穿在一起，让家居空间沾染更多的自然气息。沙发背后的长条原木餐桌，兼备用餐、工作、阅读的功能。餐桌上简约的风扇造型吊灯，以其朴素简洁的气质，完美地融合在了整个家居空间中。

灵感5 ▸ **106**

装饰与照明并存的创意灯饰

现代简洁并以灰色调为主的空间居室。深灰色
对比白色再以局部点缀木色家具，成为了本案
空间的主要色彩搭配。由于层高的原因，空间
中的主照明都是嵌入式筒灯，茶几上方的创意
灯具以其独特的造型妆点了整个空间。

灵感5 ▸ **107**

肃静深邃的书房空间

本案中顶面木梁和书桌的材质同属原木材质，
两者甚至在木纹之间都有着丝丝入扣的关联，
在空间当中遥相呼应。在这样的空间中，灯具
反而成为了空间的主线连接，球形的灯泡犹如
宇宙中的星系，看似无关联却有着密切的联系。
绿墙上的艺术挂画犹如一双双深邃的眼睛，审
视护佑着整个空间。

灵感5◯ ▸ **108**

温暖而强烈的色彩冲击

本案是现代感很强的厨房空间，黄色和黑色在空间中形成了强烈的对比，色彩的冲突增加了空间的力量感。尤其是吧台上方通体黑色的两个吊灯，简洁而大方，暖色的灯光打在木地板上，于无形中为整个空间增添了温暖的气息。

灵感5◯ ▸ **109**

简洁大方的北欧空间

北欧风格的居室空间以简洁为主，没有装饰主义的华丽。简约的茶几和小方桌以及布艺沙发和木地板的选择，都透着一股自然气息。一盏简约的吊灯更是将北欧风格的气质展现到了极致。

灵感5 ▸ **110**

海洋主题的空间搭配

本案中的餐厅区域两面通透采光极好,并且室外无遮挡建筑,视野开阔,景致非常好。由于居所邻近水边,所以空间中有一些呈现航海风的饰品摆设。在灯具的选择上也以装饰性为主,镂空的草编设计,给人自然悠扬的感觉,落地窗下边贴心的地灯,犹如汪洋中一盏指引方向的启明灯。

灵感5 ▸ **111**

灯饰的聚会

以黑白灰为主,绿色点缀为辅的开放式厨房空间,裸露的砖墙刷成了白色,搭配铁艺黑色的灯具非常有工业感。橱柜区域的主要照明是嵌入式筒灯和内藏灯带,由于多种灯具参与让整体空间的照明显得非常饱满。

灵感5 ▸ **112**

空间结构辅助灯具成就家居美感

北欧工业风格的空间，设计师选择了和梁结构相统一的灯具作为餐桌上的照明。客厅有天窗的设置，采光良好，也选择了同样造型的投光灯打亮顶棚，让暗影和背光在整个空间中无处可藏。

灵感5 ▸ **113**

高低错落的圆形灯具

整个空间当中顶面和楼梯都有金属材质的出现，点状的圆形灯具和空间当中有棱有角的金属家具形成对比，柔化了空间里生硬的氛围，并且以反差的呼应形成了特殊的装饰美感。

灵感5💡 ▸ 114

午后的温暖阳光

温暖的光线射入室内洒到了餐桌上。整个空间的材质以木色调为主,自然而纯朴。灯具的选择也非常用心,规规矩矩的长方形灯罩,不仅不会显得乏味中庸,反而让空间的线条更加完整如一,呈现出规整的空间美感。边柜上的装饰画和花艺相映成趣,每一件陈设家具都和空间融合得非常到位。

灵感5💡 ▸ 115

极简自然的餐厨空间

以白色调为主的空间,加上木色的点缀。这样的手法虽然简洁但很有效果。吧台上的造型灯具在颜色上和木色相互呼应。空间当中没有多余的色彩,整体的搭配非常到位。

灵感 5◯ ▸ **116**

不拘一格的北欧风格厨房空间

北欧风格多以白色和木色为主，在灯具的选择上，一般以黑色为主，但在本案中设计师却选择了金色的金属吊灯。金色给空间增加了贵气，提升了空间的格调，同时也和橱柜以及吧台台面的木色形成呼应，平顺了空间的视野。

灵感 5◯ ▸ **117**

舒适安逸的用餐空间

在吊柜底下安装的筒灯，照亮了工作面，便于操作且增加了安全性。一角的装饰画进行了轨道式射灯的重点照明，提升了空间的艺术气息。餐桌上方装饰灯具的设计让空间的灯光层次分明。安逸的空间和室外傍晚时分的宁静相得益彰，如诗如画。

02 中式风格
灯饰搭配与照明设计

古典中式灯具的造型多以对称形式为主，并且融入古典诗词对联、陶瓷、清风月明、梅兰竹菊等独具中国传统特色的元素，制作成立灯、坐灯、壁灯、吊灯等不同样式，给人耳目一新、回味无穷的感觉。古典的灯饰框架一般采用实木，木材越硬重越高档。制作时主要进行镂空或雕刻等工艺，根据不同的雕花工艺造价也各有不同，整块手工雕刻较贵，而多块拼接木框的价格则会低一些。除了直接雕花以外，也可搭配一些其他材料做外部灯罩，比如玻璃、羊皮、布艺等，将中式灯饰的古朴和高雅充分展示出来。

新中式风格的灯饰相对于古典中式风格，造型偏现代，线条简洁大方，只是在装饰细节上采用部分中国元素。例如形如灯笼的落地灯、带花格灯罩的壁灯，都是打造新中式卧室的理想灯饰。

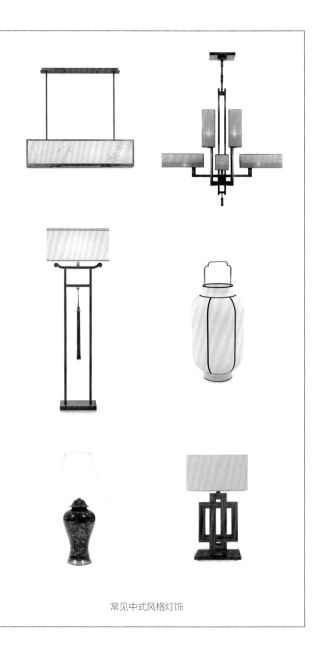

常见中式风格灯饰

※ 古典中式灯饰的材质以实木和羊皮纸为主

※ 新中式风格灯饰造型相对简洁

灵感5○ ▶ **118**

鸟笼元素的巧妙体现

简约的中式风格,餐桌搭配改良后的鸟笼式吊灯,
增添了家居的自然氛围,成为空间的视觉焦点,
很好地诠释了空间的主题。在艺术品陈设区增加
重点照明,很好地凸显了瓷器的精致。空间当中
所有深色的运用,增加了中式的厚重感,配以不
同层次的照明需求,增加了空间的品质感。

灵感5○ ▶ **119**

钨丝灯泡的光晕营造暖洋洋的空间气氛

简约现代风格的空间,采用了大面积的玻璃材质,
增加了光源的层次。顶面灯池提升了空间高度。
餐桌上的吊灯,区分了用餐区域。挺拔坚硬的金
属质感,加上裸露的钨丝灯泡,强调了空间的硬
朗气质。公共区域的嵌入式射灯,很好地照亮了
墙上的画品。

灵感5○○ ▸ **120**

打破传统的新中式

在中式空间里，很多人都会用胡桃色花梨色，作为空间家具的主打颜色，但在本案中，设计师却大胆地选择了白色作为空间中家具的主色调，将空间定位为了新中式。在灯具的选型上，配有中式纹样，营造出中式格调。灯具的造型也呼应了家具形状，让空间氛围达到高度统一，配以回字造型的灯带，作为间接照明，让整个空间显得大方典雅。

灵感5○○ ▸ **121**

斑驳光影

华丽的玻璃水晶灯通过折射发出璀璨的光芒，在天花板上呈现出美丽的光斑，达到光影装饰的效果。天花的暗藏灯带为空间提供了间接的照明，使空间散发出奢华的气息。空间中主灯的悬挂，很好地限定了空间的格局，边顶的灯带为大空间提供了间接照明，让空间富有灯光的层次感。

122

雅致之居

本案的灯光设计可谓是整个空间的点睛之笔，屋顶的隐藏式灯带在开灯瞬间，让人体会到独特的视觉效果。为了让灯带达到最好的装饰效果，灯带与天花板的间距应保持在 30cm 以上。床头两边的台灯起到了平衡空间的作用，边顶两边的嵌入式筒灯，照亮了墙面的饰品。空间中的灯光层次分明，整个空间的色调统一而舒服，配以灯光的不同层次，呈现出非凡的品质感。

123

灵感5○ ▸ **123**

花的物语

带有中式格调的空间设计，设计师选择了一款花形吊灯，和床头的图案纹样形成了呼应。床头上方的射灯，照亮了床头的抱枕，呈现出细节的美感。床头侧面的灯带设计，让空间有了进深的层次感。床头柜两侧的台灯平衡了空间格局，在顶面造型上采用弧线元素，为空间增加一层隐约的细腻，营造出舒适温馨的居室空间。

灵感5○ ▸ **124**

光影故事

一盏半间接的床头台灯，照亮了卧室的一角，让人浮想联翩。床头的台灯选择上下出光的形式，为空间添加了光影的趣味性。空间以灰色调为主，以粉色和浅蓝色作为点缀。白色的床头灯，拉开了灰色调的层次，带来了舒缓的美感。

灵感5○ ▸ **125**

幽静日式

空间中大量地采用了木本色饰面，来营造空间风格，体现出简约自然的气质。藤编的灯饰与空间氛围保持一致的气质。大面积的留白和木饰面材质的运用，在空间里形成了强烈的对比，体现出日式的简约格调。空间里没有多余的颜色，配以日式插花和挂画，清新而幽静。

灵感5○ ‣ **126**

无主光源设计

本案卧室的灯光设计打破了传统中式的认知概念。设计师并没有采用主光源照亮空间的设计手法，而是大量采用了间接照明。床头的灯带设计，包括对面的电视墙，都采用了均匀出光的手法。床头悬挂式床头灯的设计突破传统概念，带来了别具一格的感受。空间以白色调为主，干净生活化，这样的灯光设计有助于营造舒适的家居空间。

灵感5○ ‣ **127**

胡桃夹子的中式格调

本案空间是沉稳的现代中式风格，选择了下挂的长方形组合灯具，灯具的线条感符合整个空间的硬装设计手法。空间顶面是二级吊顶的造型设计，双层灯带增加空间的层次，边顶一圈的筒灯满足了空间的照明需求。

灵感5○ ▸ **128**

胡桃色之恋

卧室一般只需要一些柔和的光线作为基本照明即可，台灯一般作为局部照明使用，而且有助于营造居室一角的氛围。本案空间以胡桃色为主要色调，灯光的层次和灯具的颜色，成为了空间中的点缀。

灵感5○ ▸ **129**

中式组合形吊灯

很少有人会在居家环境中使用大体量的组合式灯具。本案例是会所空间，设计师提炼了中式元素运用至灯具中，与屏风上的中式纹样形成呼应，且形状大小不一，高低错落让空间富有张力。透过屏风可以看到远处的休息区也采用了同一种形式的灯具组合，两个不同的区域，在灯具形式上的统一，让整个大型空间丰富而不凌乱。

灵感5〇 ‣ **130**

根据层高考虑灯具

本空间由于层高的局限选择了一款方形下挂很低的装饰灯。为了保证空间均匀的照度，顶棚天花进形了暗藏式的灯带设计，很好地提供了间接照明。空间里局部还有重点照明，作为引导视觉焦点。沙发两侧的台灯和空间主灯形式统一，烘托了空间的气氛。

灵感5〇 ‣ **131**

冷峻之光

本案例是一个雅致的居室空间，色彩的变化很少，设计师选择了冷光来作为空间的灯饰照明，把冷峻的格调又提升了一个层次。床头柜两侧的吊灯作为辅助照明，设计极为巧妙而且富有创意。

132

灵感 5○ ▶ **132**

黑白素雅对比

素雅的餐厅空间设计，胡桃的深色并没有给空间增加沉重感，显得稳重大方。白色和胡桃木的颜色形成了很强的对比，体现出素雅之感。在灯具的选择上秉承了空间的气质，玻璃质感的多格型吊灯典雅而大方，再以绿植的映衬，给用餐空间增添了活力与生机。

133

灵感 5○ ▶ **133**

春之道

设计师把园中的春色引入空间中，墙上的画作和空间的画意均可体现中式的风韵，在本案空间中既有中式家具的陈设又有现代铁艺玻璃的出现，用混搭的手法体现出中式风格与时俱进的格调。为配合空间的格调，选择了一款具有现代气息、花团锦簇的白色灯具，与空间中的花艺元素统一协调。

134

灵感 5○ ▶ **134**

中式古韵

火红的灯具点亮了床头的一角，红色加上绸缎的质感，诠释了中式的古韵，并带来了现代而不失中式意味的空间氛围。空间中的黑色线条不但在墙面的硬装材质上有所体现，而且也运用在了布艺抱枕及家具上，突出了床头灯的典雅与柔美。

135

灵感5🔆 ▸ **135**

中式雅趣

在中式风格的韵味中总是透出几分贵气，本案空间在多处运用了金属收边条，灯具上也沿用了同样的手法，贵气十足。在床头背景墙上设置了射灯，打亮了兰花和牡丹的图案，凸显了中式风格的雅趣与韵味。

136

灵感5🔆 ▸ **136**

以云为山，大气磅礴

整个空间以中式元素居多，繁琐而大气。为提升空间的华美气质，采用了一款云状山峦起伏，又意境十足的灯饰装点空间，给空间增添了亮点。空间中的光源层次十分丰富，远处的多宝阁，进行了背光暗藏灯带的设计，把瓷器照得晶莹剔透，增加了瓷器的质感。屏风上方有筒灯进行重点式照明，增加了屏风在空间里的装饰效果。

灵感 5○ ▸ **137**

品味中式

本案空间是书房加休闲会客场所的格局设计，工作区域采用嵌入式筒灯满足功能照明，休闲区域则进行了装饰灯具的设计。顶面隐藏式灯带，营造了局部空间的休闲放松环境。背景墙上的层层隔板，有中式翘头案的感觉，每一层都进行了暗藏式灯带设计，在照亮陈列品的同时，也凸显了背后的山峰图案。

灵感 5○ ▸ **138**

神秘诱惑

卫生间墙面的两盏中式元素壁灯，加之大面积的水波纹深色大理石为映衬，幽静而神秘。浴室空间没有主光源，全都是以间接的灯光作为照明，顶面一侧的隐藏式灯带把视觉都集中到了洗漱台。墙面大理石的高反光映衬出了顶面和墙壁灯光的昏暗及神秘，这样的灯光设计有助于打造出一个私密性极强的空间。

03 工业风格

灯饰搭配与照明设计

在工业风格的装修中，灯的运用极其重要。工业风格灯具的灯罩常用金属圆顶形状，表面采用搪瓷处理或模仿镀锌铁皮材质，并常以绿锈或磨损痕迹做旧处理。经常将表面暗淡无光与明光锃亮的灯具混合使用。工业风整体给人的感觉是冷色调，色系偏暗，为了起到缓和作用，可以局部采用点光源照明的形式，如复古的工矿灯、筒灯等，使人有一种匠心独运的感觉。

很多早期工业灯具都带有一个用于保护灯泡的金属网罩，因而网罩便成为工业风格灯具装饰的一大特点。粗犷麻绳的吊顶灯也是工业风格灯饰设计的一个亮点。保留了材质原始质感的麻绳和现代感十足的吊灯组合，对比强烈，也体现了居住者不俗的艺术品味。此外，迷恋工业风格的人们一定对各式裸露的钨丝灯泡情有独钟，它是工业风灯饰搭配里的必备之物。

※ 工业风空间中常见裸露的灯泡

※ 带有粗犷麻绳的吊灯

※ 做旧处理的金属圆顶造型吊灯

※ 网罩是工业风格灯饰的一大特点

灵感5⃝ ▸ **139**

红砖老墙面

采光非常好的室内空间，设计师保留了原有的老墙面，未经处理露出斑驳的红砖极具装饰性，并和白色墙面形成了细腻与粗糙的质感对比。为迎合空间的特点，在灯具的选择上也以满足基本照明需求为主。

灵感5⃝ ▸ **140**

羊皮纸灯笼

本案空间大面积地选择素色水泥作为室内的装饰元素，给人以坚硬而陈旧的感觉。在灯具的选择上也考虑到了空间的整体风格，选择一款羊皮纸灯具，灯具的褶皱肌理效果和空间素色水泥墙面形成呼应，体现了本案空间不加粉饰的装饰风格。

灵感 5○ ▶ **141**

黑色铁艺草帽灯

黑白为主色调的空间，配上黄色的条纹壁纸，呈现出田园的气息。在灯具上为了和温莎椅搭配协调，选择了一款铁艺框架，并带有工业气息的灯具。空间中灯的颜色、餐椅的颜色和墙面装饰画的画框均是黑色，三个不同位置的黑色，在顶面、地面和墙面穿插在了一起，设计感极强。

灵感 5○ ▶ **142**

白色清丽的就餐环境

在北欧情调的空间里，搭配的工业感十足的灯具，混搭的手法并没有给空间带来不协调的感觉。由于灯具质感的原因，反而营造出别样的情调。空间中的黑白层次分明，显得整洁而干净。

灵感5 ▸ **143**

形式和颜色符合空间气质

本案是以黑白搭配为主的空间，给人前卫干净的感觉。粉色沙发的加入，瞬间为空间提升了女性的柔美气质。为迎合空间的主色调，选择了黑色、裸露造型的灯具，巧妙地点缀了空间里的气氛。

144

灵感5 ▸ **144**

线形结构的空间吊灯

本案是非常现代的别墅空间，在水泥压力板饰面的用餐区域，采用了色彩丰富、随意性很强的装饰画，且以左右对称的形式挂于墙上，带来了对称的美感。在灯具上，选择了两款垂吊式的线性灯笼状吊灯悬于空中，富有简约创新的美感。空间中的家具简洁而大方，符合整体建筑结构的风格。

灵感5○ ▸ **145**

管线裸露的场景风搭配

本案的工业风空间裸露了原建筑的结构，并且在材质上也未进行修饰处理。所有界面的处理包括陈设的选择，处处体现出了工业风的气质。空间中的灯具与线管纠缠在一起，成为了重要的装饰元素，极具工业风美感。

灵感5○ ▸ **146**

对比之美

本案例中桌子的粗糙质感，加上黑色金属座椅及皮毛靠背的搭配，给人一种粗犷原始的美感。在灯具的选择上，也结合了餐椅的气质，选择两款破旧鸟笼外型的吊灯，使空间和陈设形成了强烈的新旧对比。

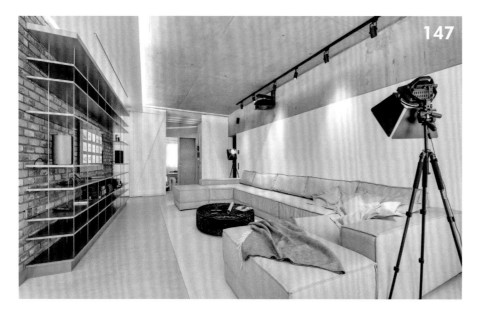

灵感5⃝ ▸ **147**

随意性很强的轨道灯设计

设计师大胆地采用了原建筑结构，以及随意性很强的轨道射灯，并且运用了不对称的方法，增加了边顶灯带的使用。在满足空间照明的同时，也丰富了空间里的光源层次。空间中红色砖墙、顶部的水泥饰面和白色乳胶漆墙，在材质和颜色上形成了强烈的对比，营造出一个没有刻意修饰的工业风空间。

灵感5⃝ ▸ **148**

美式加州咖啡

怀旧主题的餐厅空间，红色复古砖的墙面搭配铁艺座椅，再加以铁艺复古的怀旧灯具，完美地呈现了空间里怀旧的主题风格。长条餐桌用点状的下挂铁艺灯进行照明，自然而温馨。团座的区域则用面光源进行功能照明，呈现出明亮大方的气质。

灵感5⋯ ▸ **149**

英伦风格的水晶灯搭配案例

本案是一个有着英式运动风格主题的空间，在怀旧主题的基础上，选择的水晶铁艺灯，带来了华丽又不失工业风的气质。水晶的点缀让家居环境增添了一丝贵族的气息，并且使整个空间有了粗犷中又带着精致的美感。

灵感5⋯ ▸ **150**

吊灯营造前卫的餐厨风格

本案空间散发着前卫的时尚气质，设计师选择了一款三头的组合式灯具，有效地覆盖了光源，铁艺的质感和餐饮功能极为搭配，这样的灯具为空间带来了富有张力的视觉效果。

灵感5○ ▸ **151**

室内结构美

空间中最有意思的应该是房顶结构的裸露。设计师为了表现房顶的结构，在现有基础上加设投光灯，呈现出了顶部结构的原始美。为了体现背景墙斑驳的肌理，在电视柜后面做了背光灯带暗藏的处理，向上提亮了墙面，呈现出凹凸的质感，增加了空间的沧桑感和结构美感。

灵感5○ ▸ **152**

酒瓶灯具

本案例裸露了所有建筑内的结构，处处体现着工业风的气质。吧台的灯饰如同用线吊起的酒瓶，富有新意。酒瓶灯具的设计，用形体代替了语言的表达，让人一眼就能感觉到这是一个酒吧空间，极富装饰语言的内涵。

155

灵感5○ ▸ **153**

可爱的复古灯泡

本案空间是间厂房改造，采光良好。以简洁的白色漆为墙面装饰，白色的墙面搭配绿色植物点缀，清新而自然，餐桌上方的吊灯使用了鱼线式复古灯泡，黑色的底座加白色的灯泡，虽然简单但符合空间的淡雅气质，并且成为了视觉焦点。

灵感5○ ▸ **154**

休闲一角的灯饰选择

本案是休闲空间的一角，鹿头饰品和毛皮毯子是极具北欧特色的装饰。富有设计感的灯具在颜色上，迎合了右下方的皮质座椅。空间中亮色和装饰画的点缀，带来了清新明亮的视觉感受。

灵感5○ ▸ **155**

物体独有气质和空间其他质感形成对比

黄铜质感的落地灯，精致富有细节，和墙面斑驳的肌理形成了材质上的对比。空间当中的黄铜落地灯和皮毛制品，也有坚硬和柔软的对比。居室一角也是体现设计手法极为重要的区域。

灵感5💡 ▸ **156**

个性的吊灯造型体现空间上方的张力

本案空间中的元素很多，既有北欧风格的饰品，也有美式乡村风格的家具，怀旧而复古。远处的电视背景墙和顶面在颜色上很好地衔接。在灯具的选择上，以黑色的金属材质为主，在不同的位置贯穿了整个空间。

157

灵感5💡 ▸ **157**

暖光的大量使用冬天充满暖意

设计师在餐桌上搭配了吊灯，让温暖的气息散发而出。此外，还利用了天花板的独特造型，营造自然间接的光源，以透明的球灯创造出了视觉上的焦点，让温暖的光晕扩散到整个空间中。空间里暖色的光源和木头的温润完美地结合在了一起。

159

灵感5 ▸ **158**

白中一点黑

在极简的白色空间中，搭配铁艺座椅和原木铁艺桌，自然而温馨。在灯具上，选择了一款表面粗糙，锈迹斑斑的灯具，和空间里的大面积白色有强烈对比，凸显出灯具的工业风。空间中最抢眼的要数黑色的餐椅，因为墙面的大面积留白，形成了强烈的视觉冲击感。

灵感5 ▸ **159**

自然而温暖的光影设计

空间当中的光源，除了天然的自然采光，还有主光源的设计，比如半间接光源的壁灯、沙发旁的休闲照明台灯。多种光源的参与，营造出了充满温暖的居室空间。本案空间的墙面以白色为主，家具则多以中性色、灰色调为主，再搭配多层次的暖色光源，让空间显得丰富而清新。

灵感5○ ▸ **160**

灯具造型与家具可以统一在一起

工业风格常给人以简单、自在的体验。在
灯具上，轨道灯的设置增加了空间照明以
及灯位的灵活性。本案中的所有铁艺元素，
在形式上形成了高度统一，置物架、桌子、
灯彼此呼应，从而加强了空间的整合度。

灵感5○ ▸ **161**

摩登时代

整个空间让人想到了蒸汽时代的工业厂房，
顶面全木质的结构框架，搭配天窗带来了
良好的采光。华丽的水晶灯，配上椅子的
黑白纹路以及墙上的黑白装饰画，为工业
风十足的空间增加了摩登感。

灵感5○ ▸ **162**

梦幻空间

楼梯处灯具的选择，要考虑空间的高度，
应尽量不影响正常的行走，在形式和质感
上可以考虑和室内空间的硬装相协调。白
色窗帘和顶面的白色木板以及白色的布艺
沙发，给小空间带来了一种梦幻的感觉。

灵感5○ ▸ **163**

颜色贯穿空间

整个空间保持了水泥的裸露质感，加之现代的陈设，简约而时尚。在餐桌上方搭配了一盏极具浪漫气息的蜡烛形吊灯，纯白的色彩和墙壁、展示台、装饰木剑形成呼应，营造出清新雅致的餐厅空间。

灵感5○ ▸ **164**

灯具和管线裸露的现代工业风

直接裸露的原建筑水泥板，做明装灯具的设计也是营造工业风的一种手法。在本空间中，所有的线管都是镀锌铁管直接裸露，再将灯具裸装于顶面，这种不修边幅的随性，正是工业风格的装饰精髓。

灵感5○ ▶ **165**

所有金属可以做形式统一

本案是美式复古风格的卫生间。空间上方有木质梁作为结构支撑，起到了装饰和风格定位的作用。墙面的粗糙和瓷砖的光洁在材质和颜色上形成对比，在五金件的选择上以黑色机械复古风为主，同时灯具也配合了五金的风格。细节上的打造衬托出了整体空间的装饰风格。

灵感5○ ▶ **166**

童话空间

铁锈色加玻璃的灯饰，如一个水滴垂在空中，为空间增添了几分童话意味。空间中家具的选择和硬装墙面的配合，加以圆形大理石餐桌上的花篮，共同打造出了梦幻般的童话世界。

167

灵感5○ ▸ **167**

玻璃和金属体现工业风

裸露的天花板和管道的内部结构，彰显着本案空间工业风气质。因此，在灯具的选择上也要和空间的风格吻合，黑金属加玻璃质感的灯具是首选，衬托出整个空间的工业风氛围。

168

灵感5○ ▸ **168**

线性高低错落的点状灯具

本案是一个现代简约风格的空间。保留了原始建筑的结构，大面积留白加以深色家具的点缀。长线的简易吊灯垂于餐桌之上，在起到基本照明作用的同时，也为空间带来了很好的装饰效果。

04 美式风格

灯饰搭配与照明设计

美式灯具虽注重古典情怀，并且是在吸收了欧式风格甚至是地中海风格的基础上演变而来，但在造型上相对简约，外观简洁大方，尤为注重休闲和舒适，美式灯具的魅力在于其特有的低调贵族气质。

美式乡村风格可选择造型更为灵动的铁艺灯饰，引入浓郁的乡野自然韵味，粗旷与细致之美流畅中和。铁艺具有简单粗犷的特质，可为美式空间增添怀旧情怀。美式新古典风格适合搭配水晶灯或铜制的金属灯饰，带来复古大气的悠远沉淀。水晶材质晶莹剔透，可提亮居室的整体色调；铜灯具有质感、美观的特点，而且一盏优质的铜灯具有收藏价值，美式风格化繁为简的制作工艺，使得美式铜艺灯看起来更具时代特征。

自然材质的美式风格灯饰

※ 做旧质感的台灯表现美式怀旧气息

※ 美式乡村风格空间常用铁艺吊灯

※ 美式铜艺灯在复古的同时又带有贵族气质

灵感5💡 ▸ **169**

自然而原生态的空间

粗木结构的装饰木梁以及毛石墙面都表现出了美式风格自然、粗犷的特征。整个空间中没有精细的人工雕琢，设计师在茶几上方安排了一盏仿烛台造型的黑色铁艺复古吊灯，以其怀旧的质感，与空间的整体格调完美地结合在一起。

灵感5💡 ▸ **170**

舒缓的局部壁灯光源

安装在床头墙壁的现代壁灯，以舒缓的光源照亮了床头一角，为该区域营造出一种别样的温暖情调。灯具的风格和整个墙面护墙板的造型，在视觉上巧妙地融合在一起。壁纸和单椅的纹样在空间中形成呼应，于无形中增加了卧室的奢华气息。

灵感5⦾ ▸ **171**

点点星光，灼灼浪漫

该客厅是现代美式风格，沙发上方设一款传统而复古的蜡烛式吊灯，其点点光源犹如夜空中闪烁的星星，在悬挂铁艺的支撑下，展现了别致而浪漫的情调。大面积的蓝色和白色是空间里的主色调，黑色的窗帘和抱枕则用于色彩点缀，让空间的层次感更为丰富。

灵感5⦾ ▸ **172**

彼此呼应的美式乡村空间

本案客厅是按照美式乡村风格打造而成。设计师特意选择了一款体态纤长而又有粗犷之美的传统吊灯，在空间里散发着古典的美感。墙壁一角的壁灯在材质和色彩上和中央吊灯遥相呼应。整体空间的布艺设计以格子和碎花图案为主，和顶部的原始结构木梁形成呼应，共同打造出具有乡村气息的家居空间。

灵感5○ ▸ **173**

优美纤长的烛台吊灯

体态纤长而优雅的蜡烛吊灯舍弃了美式风格的粗犷设计，吊灯下方搭配亮木色桌面，让整体空间显得优雅而不失华丽。远处的铁艺楼梯和吊灯在材质上遥相呼应。餐厅地面采用复古的仿石材瓷砖，在美式风格的空间里增添了自然纯朴的气息。

灵感5○ ▸ **174**

黑白搭配简约而高雅

深色的餐桌搭配休闲的美式餐椅，加上餐桌上方一盏造型简单的白色吊灯，打造出一个简单干净的餐厅空间，同时也带来了愉悦的用餐气氛。深色窗帘和墙上的抽象艺术挂画，在色彩上形成了巧妙的呼应。

 ▸ **175**

鸟语花香的餐厅空间

本案餐厅的自然采光非常好，设计师为其选择了一款通透的仿蜡烛玻璃灯具，虽然造型体积较大，但因透光性好，在空间中并不显得沉重。餐桌上的多叶绿色植物，如同繁茂的森林，和上方鸟笼造型的灯饰形成了良好呼应，打造出一个鸟语花香的餐厅空间。

灵感5○ ▸ **176**

美式鹿角灯提升空间氛围

本案是美式风格的书房空间，书桌上方的吊灯散发出柔和的光芒，点缀了空间气氛。书桌一侧的台灯，在阅读或工作时，为书桌区域提供重点照明。顶面一圈筒灯的设置，打破了空间的呆板，并且带来了更多视觉上的光影变化。书房中的吊灯、台灯在视觉观感上保持一致，让人感觉空间中的灯饰都是经过精心挑选搭配而成的。

灵感5○ ▸ **177**

别致的珠串蜡烛吊灯

本案空间散发着浓郁的美式乡村气息，整体格调清新而淡雅，搭配珠线组成的灯具，从颜色和造型上呼应了空间中的布艺家具。原木和墙面绿色毛石砖的运用，更是加深了美式乡村风格的空间特征。茶几和圆几用重色搭配，增加了空间色彩的稳定感。

灵感5○ ▸ **178**

灯具呼应风格

本案空间展现出了美式乡村风格自然纯朴的特征，餐桌上方简约精美的吊灯，以其灯罩上的铁件材质呼应美式乡村的空间特征。同时铁艺和玻璃的搭配使其成为餐厅空间的视觉焦点。厨房和餐厅是开放式设计，因此两个区域的灯具采用了几近相同的搭配方式，让整个空间在视觉上显得协调统一。

灵感5○ ▸ **179**

国王型壁灯

美式风格的卧室空间，着重体现温馨舒适的感觉。床头背景墙上的美式壁灯，选择了国王型灯罩，呈现出美式风格庄严贵气的一面。在床具以及床头柜的选择上，延续了美式家具的厚重感和仿旧感，和背景墙的壁灯在气质上形成统一，营造出了一个舒适温馨而又端庄贵气的卧室空间。

灵感5○ ▶ **180**

温柔婉约 . 浪漫流连

以浅色调为主的现代美式风格，尽显浪漫风情。为协调空间的色调，选择了一款浅色纤细的烛台吊灯，很好的呼应了整个空间所呈现的柔美和浪漫。空间里所有元素在色彩上都极为接近，比如窗帘、沙发、布艺以及灯饰的颜色，都很好的控制在了浅灰色的色调中，给人以完整如一的感觉。

灵感5○ ▶ **181**

灯具在空间中的分量感

设计师在本案厚重的美式风格空间中，选择了一款传统复古的烛台吊灯，和整体厚重典雅的硬装搭配形成呼应，营造出一种欧式古堡的感觉。整体空间颜色偏厚重，而在地面则选择使用浅色地毯，上下空间在颜色上形成了强烈的对比，增加了空间的层次感。

灵感5○ ▸ **182**

灯具为空间画龙点睛

在一个空间中主灯不仅可以提供照明，也能成为空间里的视觉焦点。餐桌上方的三角形球状金属灯具，利用灯具本身的造型与工艺美感，丰富了空间里的视觉元素，提升了家居生活的品质。空间中随处可见的原木色，搭配米色的布艺地毯，营造出干净而温馨的气氛。

灵感5○ ▸ **183**

装饰吊灯调节餐厅气氛

树枝烛光吊灯展现出了美式风格自然随性的特征。天花的一圈灯带弥补了吊灯的照明局限。两边的嵌入式筒灯则增加了空间的灯光层次。地毯和餐桌布的纹样相互呼应，搭配树枝造型的吊灯，在空间里营造出一种古老的感觉和复古的格调。

灵感5❀○ ▸ **184**

主灯照明和辅助光源配合满足多种需求

本案是以白色调为主的现代美式风格空间，茶几上方的美式蜡烛吊灯，以高雅精致的造型点亮了全局。墙上的书架层层都有灯带作为辅助照明，顶面天花的灯池增加了上部空间的层次感。两边的筒灯突显出墙面光洁的材质。空间中布艺纹路的选择给简洁的白色空间增加了一丝趣味，并且和灯光配合得恰到好处。

灵感5❀○ ▸ **185**

古堡里的红酒盛宴

这是一个由酒窖改造而成的餐厅空间，采用了复古式的烛台式吊灯，与空间中的场景氛围极为贴切。老式锈铁的灯架，给人一种怀旧沧桑的感觉。线条简单的亮面餐桌则给神秘古老的空间带来了一丝现代气息，并和整体空间的石洞穴形成了对比，营造出一种时尚而古朴的空间氛围。

05 现代风格
灯饰搭配与照明设计

现代风格包括极简主义、后现代风、新装主义风格等，根据不同的流派可搭配不同的灯饰。在现代风格中，灯饰除了照明作用之外，更加强调的是装饰作用，一款好的灯饰本身就是一件装饰品。现代风格灯饰追求简洁明快，淘汰了过去一味追求表面华美造型及过分装饰的风格，常设计成几何图形、不规则形状，创意十足，具有时代艺术感，既强调个性，又强调与背景环境的协调。

现代风格灯饰设计以时尚、简约为理念，多为现代感十足的金属材质，外观和造型上以另类的表现手法为主，线条纤细硬朗，颜色以白色、黑色、金属色居多。如果是新装饰主义风格，灯具材质一般采用金属色如金色、银色、古铜色或具有强烈对比的黑色和白色，打造复古、时尚又现代感极强的奢华氛围。

※ 现代感十足的现代风格灯饰

※ 现代风格灯饰更多地强调装饰作用

灵感5○ ▶ **186**

灯光与镜像世界

在本案中整个空间都采用了装饰感特别强的金色来点缀，因此金色也成为了空间中华丽感的主要来源。吧台上华丽的金属吊灯现代感极强，一侧的茶色玻璃和顶面的有机玻璃，产生了鲜亮倒影，再加上金色的璀璨，让整个空间显得贵气十足。

灵感5 ▸ **187**

金黄色家居质感

在室内空间搭配金色，可以提升家居的品质。本案在灯具的选择以及桌面饰品的摆设上，都考虑到了金色的运用，再加上吊灯槽里发散的暖黄色灯光，在空间里相继形成多方位的色彩呼应，完美地提升家居生活的品质。

灵感5 ▸ **188**

通透现代风

餐桌区域采用了大量的镜面装饰，增加了小空间的开阔性。一款由简单线条以及透明玻璃灯罩组成的灯具，不仅没有给空间带来压力，而且带来了通透感。这样的设计搭配，非常适合运用在采光不足以及户型面积有限的家居空间中。

灵感5⃝ ▸ **189**

柔美空间

整个空间散发着银色的光彩并且弥漫着摩登时尚的气息。装饰画、窗帘的颜色以及漆面家具，在呈现现代质感的同时，还流淌着丝丝柔美的情调。用金属珠链做的灯具垂落感十足，增添了整个空间的优雅氛围。

灵感5⃝ ▸ **190**

沉醉于金色现代空间中

在本案中运用金色在空间层次上进行了突破，空间中几乎所有的金属材质在色彩上都选择了金色，冷色的浅灰色调与金色相搭配，让整个空间弥漫着璀璨的现代质感，营造出别致的现代装饰格调。

灵感5○ ▸ **191**

舒适惬意灰色调

整个空间以灰色和橙色为主色调，给人带来无比的舒适与惬意，纱帘遮挡了室外的部分景色，而且有效地围合了空间，加强了私密感和安全感，在灯具的选择上也没有采用夸张的造型，而是选择了一款简洁的玻璃灯罩吊灯，在整个空间中显得非常低调。

灵感5○ ▸ **192**

黑色华丽

本案中设计师在灯具上进行了大胆的设计，黑色加金色的 X 型吊灯设计感十足，让空间显得非常有新意。还有玻璃材质的运用，配合金属的反光质感，多种现代元素的参与给空间增添了华丽的现代时尚感。

灵感5💡 ▸ **193**

漂浮着现代时尚气息

整个空间以灰色调为主，但在灰色调的基础上又有多种不同材质的变换。沙发背景墙以其不规则的造型，加上灯光的搭配在无形中增加了空间的层次感。简洁的环形吊灯如同漂浮在空中的曼妙音符，成为空间的亮点所在。

灵感5💡 ▸ **194**

灵动文艺的多元素空间

花色的布艺坐凳、边柜里各式的艺术品摆件、优雅的钢琴以及钢琴上的柔美花艺，整个空间呈现出一种开朗活泼的文艺气氛。爆炸型的金属灯饰有着与众不同气质，和下方的金属圆几在材质上遥相呼应，让灯具在空间中并不显得孤立。

195

灵感5○ ▸ **195**

蓝色悠扬

本案例采用了大面积的蓝色，让人如同沉醉在爱琴海般的浪漫空间里，地毯上星星点点的蓝色格子图案，如同少女在海边沙滩上留下的脚印。顶面长短不一的灯具在色彩上巧妙地和空间中的家居及硬装呼应在一起，显得非常生动活泼，如同海面上翱翔的海鸥，丰富了单调的顶面空间。

196

灵感5○ ▸ **196**

红白黑交融

深红和纯白的墙面、黑白搭配的餐桌椅，整个空间呈现出肃穆又优雅的格调。桌上蓝白相间的粗陶罐柔和了空间里的严肃感。在这样的空间里搭配两款造型创新并具有装饰性的金属吊灯，以其不规则树枝干的造型加上原木的配色，在给家居带来自然气息的同时还增加了空间的层次感。

灵感5☉ ▸ **197**

温暖的金色鱼线灯

本案由于整个客厅空间的采光非常好，因此大胆地选择了一些深色家具，并加以暖色以暖化空间。金色的鱼线灯成为了整个空间的视觉焦点，灯具的色彩和坐凳、花艺及沙发背靠形成了点线面的呼应，让整个空间显得更为统一有序。

灵感5☉ ▸ **198**

简约时尚的别墅空间

楼梯处的地脚灯是很人性化的设计，方便日常上下行走。餐桌上方的灯具采用了半间接式光源，让一部分灯光可以倒映到天花板上形成光晕，让餐桌下方也得到了有效的照明，梦幻般的光线为空间带来了很好的装饰效果。

灵感5◯ ▸ **199**

商务性空间

空间里的视觉元素以黑色皮质沙发为主。所有的家具都棱角分明，所以在灯具的选择上，设计师大胆地运用了富有节奏的玻璃线形吊灯，如同空中的风铃软化了空间的棱角，墙面一侧的壁灯，增加了空间的趣味性，并且活化了空间里光的表情。

灵感5◯ ▸ **200**

黑白碰撞体现空间摩登感

空间中的墙面并没有进行过多的硬装装饰，以直线条为主。在公共空间的走廊进行了黑白地面拼花造型的设计，搭配竖向黑白颜色的灯具，让整个空间显得格外协调。圆桌上的花艺与窗外茂密的树叶遥相呼应，在空间里展露生机。

灵感5💡 ▸ **201**

云朵吊灯带来高处不胜寒的生活哲学

整个空间给人一种舒适、安静、惬意的感觉。设计师在空间里搭配了清雅平淡、造型如同云朵般的灯具，让人不禁地想登高望远。灯具的白色搭配和整体空间格调融合相宜。落地窗的拉帘微微下拉，仿佛挡去了窗外世俗的风尘，退去繁华的霓虹，在高楼林立的都市中回归隐逸的生活。

灵感5💡 ▸ **202**

暖黄色气氛

在这个空间中，地板、灯具、书架的颜色都选用了橙色，整个居室环境被橙色吊灯的温暖光晕所包围，显得格外温馨舒适，有种回归感。蓝色和橙色互补色的运用，通过白色进行协调让整个空间显得简约而现代。

灵感5 ▸ **203**

红色会议空间

一个红色而封闭的会议空间，墙面的花纹非常抢眼。灯具上也采用了圆形元素的排列组合和整个空间的设计手法相呼应，给人以协调美满的舒适感。

灵感5 ▸ **204**

浪漫玻璃灯

整体空间以灰白色调为主，并在局部使用了橙色加以点缀，玻璃小灯珠造型的灯饰在空间中营造出了浪漫温馨的气息，灯饰顶部还巧妙地运用了镜面，增加空间上方的开阔性。

灵感5️💡 ▸ **205**

低层高户型首选

本案由于空间层高不足，采用了内藏式
灯带的间接式照明设计，这样的设计可
以在视觉上提升整个空间的高度，同时
增加室内的开阔性。

206

灵感5️💡 ▸ **206**

柔美空间

本案中的床品和装饰画运用了相同元素
的图案，在空间中形成了呼应。灯具的
颜色也能在空间里的其他搭配中找到影
子，环环相扣的色彩，让整个空间的氛
围显得非常协调。

灵感5○ ▸ **207**

菱形三角元素在空间中延续

整个空间最吸引人的要数黑白纹样的沙发，设计师巧妙地把黑白搭配的纹样运用到了天花板及灯具的对比上，和沙发在上下空间形成了色彩呼应，这样的设计思路新颖而富有艺术感。

灵感5○ ▸ **208**

木质体现淳朴自然

在这个简约的现代空间里，保留了原建筑的结构，没有进行过多的装饰，呈现出简约大方的空间特点。在这样的空间里选择一款多头的简约吊灯，颜色和空间家具整体色调相一致，在空间中丰富了视觉感受，形式的多样化增加了简约空间的趣味性。

209

灵感5 ▸ **209**

极简主义

本空间中设计师在灯具的陈设上进行了不对称的设计，一侧选择台灯另一侧选择吊灯，鲜明的造型差异在空间里形成了对比，且在功能上都能发挥出了各自的作用，这样的设计手法值得学习。大面积的白色和小面积的灰色形成了色彩对比的关系，凸显了黑色在空间中的作用。

210

灵感5 ▸ **210**

情调满满

全落地式大玻璃窗让整个城市的夜景一览无余，景致极为优美。在这样的环境中用餐成就感满满，再加以橙色灯光营造的氛围，搭配一角的落地台灯营造出用餐空间的温暖情调。

灵感5○ ▶ **211**

帅性空间

在这个案例中，设计师设计了两款同样造型别致的灯具悬于餐桌之上，不但没有突兀的感觉，直线和曲线穿插搭配反而呈现出融洽的视觉效果。空间中深色的墙面和墙面的装饰画显得干净利落，对比强烈。加上空间中餐椅餐桌造型的衬托，围和出一个硬朗率性的空间。

灵感5○ ▶ **212**

繁星鹅卵石

这款灯具的造型犹如被水冲刷过的鹅卵石，反光性极好，在天花板上形成了漫反射的灯光效果。灯光在空间里均匀地播撒，烘托了浪漫的用餐氛围。

灵感5🔆 ▸ **213**

灰绿色调为主的空间设计

地面采用了鱼骨式铺贴，增加了空间
的进深感。为迎合空间里的灰绿色调，
选择一款通透的造型灯具在空间中突
显装饰效果，不仅不显唐突，而且和
整体空间融合得毫无破绽。

灵感5∵ ▶ **214**

金银色彩给空间增加奢华气息

本案空间以黑色、蓝色和深灰色为主要色调，整个空间弥漫着贵族气息，尤其是深色蓝在餐椅上的运用，地毯上的点点蓝色也与之呼应，再加上银色灯具的点缀，整体呈现出非凡的气度。桌上鲜艳的绿植花艺，更是给空间增添了无限生机。

灵感5∵ ▶ **215**

白黑金空间

该场景集用餐、阅读为一体，因此利用吊灯营造氛围是必不可少的。三款同样造型的吊灯在空间中和谐统一，并且明亮可爱。灯具的金属质感及色泽和饰品相互呼应，形成了巧妙的空间关联。

06 新古典风格
灯饰搭配与照明设计

新古典风格的灯饰可搭配具有设计感的古典灯饰，烛台灯、水晶灯、云石灯、铁艺灯都比较适合，可选择的灯饰很多，只要搭配得当就可取得不错的装饰效果。

新古典风格客厅通常选用吊灯，因为吊灯的装饰性强，会给人以奢华高贵之感。圆形的水晶吊灯是使用最多的，它造型复杂却极具层次感，既有欧式特有的优雅与浪漫，同时也融入现代的设计元素。早期的水晶灯是由金属架、水晶帘、蜡烛构成，因其绚丽高贵的造型而深得皇宫贵族的喜爱。作为一件艺术品，水晶灯是值得称道的，新古典风格的环境里非常适合用一盏色彩瑰丽的水晶灯来营造家居氛围。

Inspiration 灵感

※ 新古典风格灯饰具有奢华高贵之感

※ 新古典风格台灯

灵感5○ ▸ **216**

玻璃铜边灯具

本案空间色彩丰富，除了主体沙发的浅咖色调，还增添了绿色、橙色和黄色的抱枕作为空间的主要点缀色，并且这几种颜色都在挂画中有所体现。在灯饰的选择上呼应了空间的氛围和格调，玻璃镶铜边的灯饰从颜色和造型上，完美地提升了空间格调。

217

灵感5⦾ ▸ **217**

唯美的邂逅

床头的帷幔增加了空间的浪漫气质，床头柜上摆放的台灯提供了充足的床头照明，在视觉上起到了扩展空间的效果。台灯的造型和帷幔布艺完美搭配，在空间里营造出唯美的统一感。

灵感5⦾ ▸ **218**

红与蓝

空间中墙面红蓝的挂画形成了强烈的视觉冲击，在镜子前面悬挂主灯，映照出主灯的装饰效果，不但强调了空间的精致感，也在无形中产生了放大的效果。黑金色的镜框和空间里的家具协调一致。

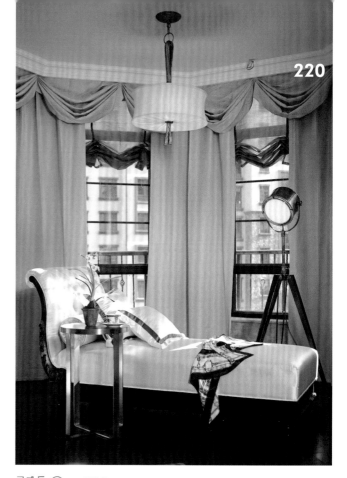

灵感5○ ▸ **219**

金碧辉煌

本案空间的灯饰，首先在形状上呼应了地面的圆形拼花，在空间上和吊顶的造型搭配得也很贴切，从形状和体积上为空间增加了亮点。玄关柜的选择和背景墙的打造，为空间带来了金碧辉煌的视觉效果。

灵感5○ ▸ **220**

恬静而素雅

本案的休闲空间有着舒适随意的感觉。上方的主灯和周围空间协调一致。空间中的美人塌、抱枕、窗帘和灯饰，都不同程度的选择了白色，白色也自然成为空间里的主色调。用以简单的蓝色作为点缀色，增加了空间的层次感，再配以金色的灯饰和小几突显了空间的贵气。

灵感5○ ‣ **221**

奢华尊贵

这是一个会所的休闲空间。设计师采用了圆形的多层水晶吊灯和空间里的圆形沙发组合形成了协调的搭配，华丽而浪漫。空间中家具的围合、圆形的茶几、圆形的地毯，和多层水晶灯在形状上形成呼应，打造了一个庞大的空间体量，体现出尊贵奢华的感觉。

灵感5○ ‣ **222**

灰色精灵银色水晶吊灯

在浅灰色调复古的空间中，水晶灯饰是最好的选择。银色水晶吊灯很好地衬托了空间的气质，并且增加了客厅空间的复古华美感。浅灰色的墙面和餐椅是空间里的主色搭配，餐桌和餐边柜的深色成为了浅色空间的重色点缀，丰富了空间的层次感和对比度。

223

灵感5 ▸ **223**

形态统一的灯具

整个空间以蓝色调为主，设计师为了增加空间的统一感在床头柜、抱枕、地毯上都用了深蓝色作为点缀，并且在灯饰的选择上也进行了元素上的统一，都是同一款系列不同功能的灯饰，从而起到了很好的装饰作用。天花板的灯带设计给卧室带来了很好的间接照明，镶嵌的筒灯则很好的点亮了墙壁的挂饰造型。

224

灵感5 ▸ **224**

英伦风

本案是英伦风的餐厅空间，为了配合餐桌的形状，选择一款长形不规则的灯饰，成为了空间中的点睛之笔。墙面的红蓝护墙板的颜色搭配，体现出了英伦风的典雅与讲究。洗白做旧的餐桌、米色的布艺餐椅，在空间中形成了颜色上的强烈对比，色彩之间的冲撞成为了本案空间中的一大亮点。

225

灵感5〇〇 ▸ **225**

油纸伞里的东情西韵

本案空间看似是欧式的空间搭配，但在格调和气质上又能感到中式气息的存在，比如以中式油伞为设计元素的灯具，既有中式的典雅又有西式的韵味。窗帘、主沙发的颜色和抱枕、圆踏的颜色在空间中形成了强烈的黄紫补色对比，显得华丽而丰富。

灵感5〇〇 ▸ **226**

华丽多层水晶吊灯

多层的水晶灯是新装饰主义空间设计的首选，水晶的反光可以体现出雍容华贵的气质。多层的水晶灯和天花复杂的造型形成了统一。空间里的不锈钢条收边、漆面家具，都有反光的亮面，加上水晶灯的映衬，打造出一个奢华而现代的空间。

227

228

229

灵感5 ▶ **227**

以巢为家的寓意空间

休闲的就餐区域是享用下午茶的极佳选地。设计师选择了一款造型有鸟巢寓意的铁艺灯饰，并以水晶点缀，在粗犷里带有细节，极富美感。灯具、圆形餐桌和圆形地毯在形式上遥相呼应，制造出统一的视觉美感。

灵感5 ▶ **228**

蓝调空间

卧室是给人休息安睡的空间，因此卧室灯光除了满足基础照明外，还应有一些能营造恬静氛围的灯光。比如床头柜上的台灯，除提供局部的照明外，也烘托了有助于睡眠的灯光气氛。蓝色的台灯在颜色以及纹路上，和墙面、布艺、抱枕、地毯和床头柜形成了良好呼应，让这个蓝色空间有了很好的层次感，并且富有变化，打造出一个浪漫的蓝调空间。

灵感5 ▶ **229**

黑白镶金制造摩登感

在黑白配的女性空间当中，选择了金色为主黑色为辅的灯具，配合地面的图案给空间增添了摩登的气息。梳妆台上对称镶金边的台灯在提供照明的同时，增加了空间的平衡美。空间中所有灯饰都为金色，妆点出空间的华丽感。

灵感5○ ▸ **230**

甜美公主风

本案空间虽然没有出现粉色，但也呈现出女性的柔美。整个空间蓝紫色调的对比，配合像珠串一样的球形灯饰，打造出了甜美公主风的居室环境。在家具上选用了有曲线美的主沙发，再以浅紫色调的单人沙发作为点缀色，提升了空间的柔美气质。

灵感5○ ▸ **231**

以灯光延展空间

本案空间里的灯饰造型源于中式的灯楼，非常有意境。顶面上的筒灯提供了很好的主光照明，楼梯下的灯光设计，打亮了装饰摆件，并且拯救了死角，从而在视觉上增大了空间。因为空间的狭长格局，在过廊道两侧都增加了镜面设计，从而使狭长的过廊显得并不拥挤。

232

灵感5〇 ▸ **232**

空中一点黑

设计师在欧式的空间中,选择了装饰感十足的现代家具,灯具的金色质感和家具的五金形成了呼应,协调而统一。墙面装饰画的黑色和角落的装饰品作为重色点缀空间,在视觉上增加了空间的稳定感。

灵感5〇 ▸ **233**

雪白之浴

在本案空间中最有视觉冲击力的要数地面时尚的马赛克黑白格子拼花,为欧式空间增添了亮眼装饰元素。空间里没有选择欧式的水晶吊灯,而是选择了一款新型材质的花瓣式吊灯,呈现出空间独特的气质,并且和整个空间的白色调融为一体,凸显了地面马赛克的大胆造型。

500 Inspiration 灵感

● 灯饰搭配与照明设计 ●

室内空间的灯饰搭配与照明设计灵感

不同的室内环境要配备不同数量、不同种类的
灯饰，以满足居住者对光质、视觉卫生、光源
利用等条件的要求。好的灯光运用不仅能够较
好地满足居住需要，还能营造氛围，创造舒适
的家居环境。

01 客厅空间灯饰搭配与照明设计

客厅的灯光照明需要满足聊天、会客、阅读、看电视等功能。通常会运用主照明和辅助照明的灯光交互搭配，来营造空间的氛围。

客厅一般以吊灯或吸顶灯作为主灯，搭配其他多种辅助灯饰，如壁灯、筒灯、射灯等。如果是要经常坐在沙发上看书，建议用可调的落地灯、台灯来做辅助，满足阅读亮度的需求。

客厅电视机附近应设置低照度的间接照明，来缓冲夜晚看电视时屏幕与周围环境的明暗对比，减少视觉疲劳。如放一盏台灯、落地灯，或在电视墙的上方安装隐藏式灯带，其光源色的选择可根据墙面的本色而定。沙发区域的照明不能只是为了突出墙面上的装饰物，同时要考虑坐在沙发上的人的主观感受。过于强烈的光线会让人觉得不舒服，容易造成眩光与阴影。

※ 客厅沙发区域的照明避免直射坐在沙发上的人

※ 层高相对较低的客厅适合选择吸顶灯

※ 客厅落地灯可以满足阅读亮度的需求

※ 面积较大的客厅适合安装壁灯作为局部照明

234

灵感5○ ▸ **234**

浪漫气质水晶灯

想要打造时尚又华丽的家居空间气氛，灯具的选择是重中之重。借助水晶的复杂造型和水晶的通透特性，加以烛光光源的点缀，带给空间奢华时尚的氛围，造型复杂的水晶灯，体现出空间的不凡气质。

235

灵感5○ ▸ **235**

用现代的手法体现欧式灯的神韵

在一般人的印象当中，传统欧式应该搭配华丽的水晶灯，但是设计师却在这个空间中搭配了现代布艺沙发和玻璃茶几。在灯具上也选择了一款极具现代气息的装饰吊灯，不仅富有艺术气质，而且和古典欧式的硬装形成了强烈对比，突出本身的独特感。

灵感5💡 ▸ **236**

田园式浪漫

本案空间采用了一些原始的材质妆点空间，比如客厅粗糙的木质铁艺茶几，整体空间充满了田园气息。为了协调空间，选择了一款用树枝做成的灯具，很好地融洽了整个家居氛围。

灵感5💡 ▸ **237**

紫色情怀

设计师大胆地选择了紫色作为地毯的颜色，配以白色的家具和灯具，再加上金属色的点缀，整个环境轻松而贵气，呈现出都市丽人的气质。

238

灵感5💡 ▸ **238**

金色点睛之笔

浅灰色的居室空间，黑色的椅子和深色的抱枕
成为了重要的点缀色，增加了空间的层次感。
设计师想突出空间亮点，选择了一款金色吊灯，
凝聚了整个空间的装饰感。

239

灵感5💡 ▸ **239**

多变圆形图

在这个案例中客厅的采光非常好。在灯具的选
择上和空间中的其他元素有很好的配合。比如
墙面的装饰画图案，还有主沙发旁的单人沙发，
都在形状上有统一和呼应。

灵感5⬭ ▸ **240**

建筑原结构成为空间装饰亮点

本案空间很好地保留了建筑的原结构，三角形的木梁加饰面板并没有让空间显得特别高，反而给人贴近自然的感觉。在吊灯的选择上设计师采用了环形灯具，丰富了空间线条，并且形成了很好的对比。

灵感5⬭ ▸ **241**

时尚小屋

本空间并没有采用传统的手法主动照明，而是用点光源、线光源和落地灯营造空间气氛。加上客厅的大落地窗，灯光配景致，让空间尽显时尚风情。

灵感5🔅 ‣ **242**

简约线性吊灯

这个空间中，灯具的搭配主要起到了营造时代感的装饰作用。在点缀了家居空间的同时，又兼具照明的基本功能。

灵感5💡 ▸ **243**

环形吊灯浪漫风情

在大型别墅的客厅挑高环境中，想营造休闲舒适又有趣味的空间，灯具不适合选择刻板的水晶灯。本案一款环形多层次的大型吊灯，打破了肃穆的空间格局。

灵感5💡 ▸ **244**

黑白金打造男性主题空间

在以灰色和白色为主的居室空间中，想打造华丽感，金色是必不可少的颜色。设计师巧妙地选择了木质和金属搭配组合的家具，灯具也呈现出金属质感，使得整个空间的气质高度统一。

灵感5〇 ▸ **245**

浪漫花海

设计师为配合空间风格的定位，选择了一款面积较大，且装饰性及透光性都极佳的灯具组合。花海般的灯饰和空间中的其他金属制品搭配完美，体现出空间的装饰主义风格。

246

灵感5〇 ▸ **246**

雍容华贵

本案是会所式的会客空间。所有的装饰都体现出华丽和繁琐之感，在灯具选择上则一反常态地选择了一款高低错落的鸟笼式吊灯，展现出雍容华贵又不忘回归自然的气度。

灵感 5○ ▸ **247**

橙色贯穿空间

在本案空间中设计师从墙面颜色到装饰以及布艺抱枕的点缀都运用了橙色。整个空间使用橙色基调贯穿，并局部添加白色的轨道灯作为点光源的装饰。吊灯没有放到中间位置，而是偏离了中心，因而巧妙地平衡了空间的视感。

灵感 5○ ▸ **248**

家具决定了空间定位

本案可以从家具的颜色及窗帘的搭配上看出空间偏男性化，但是设计师为了增加空间趣味性，选择了一款非常有节奏感、高低错落的圆形玻璃灯具组合，不仅成为了空间的亮点，而且还弱化了空间里的严肃气息。

灵感5💡 ▸ **249**

北欧风木屋

房屋内部放眼看去都是原木材质，很多结构都有黑色扁铁元素。灯具的选择也与整体风格统一，这款灯具在北欧的居室环境中出现频率极高。

灵感5💡 ▸ **250**

分散式水珠吊灯

别墅在层高上非常有优势。设计师在这个空间中选择了珠帘似的大型吊灯，在视觉上非常有美感，且和对面屏风上的镂空形成了呼应，两者仿佛在空间里进行着热切的交流。

灵感5💡 ▸ **251**

灯光满屋

整个客厅环境自然而放松，为了营造舒适的居室环境，选择了一款简单大方的圆形灯具作为空间装饰。玻璃灯的光源和壁炉的火光，共同营造出多层次的光源，照亮了整个空间。

灵感5💡 ▸ **252**

现代 loft

本空间是现代感非常强的 loft 空间，所有的照明都采用线性灯光。这样的照明方式和空间中的硬装完美结合，只见光不见灯的氛围把现代感展现得淋漓尽致。

灵感5 ▸ **253**

让质朴于空间中流淌

本案中设计师大胆地运用了轨道灯，同时还运用射灯进行局部空间的重点照明。射灯的灯光突显了墙面凹凸不平的质感，给整个现代空间带来了淳朴自然的感觉。

灵感5 ▸ **254**

璀璨水晶吊灯

本案例是别墅的客厅空间。大型璀璨的水晶吊灯给空间增添了星光般星星点点的光源特色，华丽且耀眼。墙面边缘灯槽的设计在视觉上给空间带来了极强的质感。

灵感5◯ ▸ **255**

绿色满屋

现代欧式风格的居室环境。圆形的落地窗户赋予了空间非常好的自然采光，同时也将窗外绿植的生命力映射到了居室中。流线型的沙发设计，搭配花瓣状的水晶吊灯，再加以金色点缀，显得整个空间华美而时尚。

灵感5◯ ▸ **256**

怀旧极简美式空间

怀旧深色调的美式客厅环境，加之两面采光，所以没有显得过分昏暗。搭配的白色灯具，拉开了空间层次。沙发两边搭配造型不一的台灯，在需要时可进行局部照明，灵活又温馨。

灵感5◯ ▸ **257**

采光理想灯光分散

本案空间的采光和高度都相当理想。在选择灯具时主要考虑到空间氛围的营造。如果选择一款大型的吊灯，只能体现出庄严和严肃之感。设计师考虑到空间的休闲性，所以选择了分散式吊灯作为空间的装饰照明。

灵感5💡 ▸ **258**

繁琐不凌乱

本案空间非常有现代气息。空间中最吸引眼球的要数顶面极富创
意的吊灯了。吊灯的材质以金属和玻璃相结合,繁琐的造型呼应
了硬装的线条,并和空间的气质完美地结合。

灵感5💡 ▸ **259**

原木下的北欧空间

北欧风情的客厅环境,棚顶以三条木梁作为装饰,极富自然美感。
灯具选择了木质元素,原木的特质和北欧风格的空间主题相互呼
应,整体显得协调且不突兀。

灵感5⚲ ▶ **260**

多元素空间

本案空间的元素很多,整体给人感觉却非常协调,茶几、抱枕的颜色,壁灯、主灯的选择,装饰画的搭配,都给人一种杂而不乱的感觉,在空间中相得益彰。

灵感5⚲ ▶ **261**

简约北欧风

本案例客厅三面采光,光线充足。空间中保留了原建筑结构梁,整体以灰白色为主,空间中的重色点缀就是橙色家具和抱枕、艺术品和结构梁,树枝型的灯泡吊灯以简约的造型呼应了北欧风格的朴素。

灵感5 ▸ **262** 　**装饰主义风格**

装饰主义风格的空间在陈设和色彩的选择上都极具装饰性，夸张的装饰镜、
比例不协调的台灯都有着张扬的装饰效果。在这样的空间中搭配极具抽象
意味的装饰主灯，不但没有不和谐，反而完美地诠释了空间的主题。

灵感5○ ▶ **263**

玻璃质感欧式水晶灯

本案的浅咖色居室环境采光极佳，空中吊灯的造型如同茶几上的黄色百合花，极具生命力和装饰性，给空间增添了亮丽的色彩。

灵感5○ ▶ **264**

沉默的华丽

本案空间的色调较为严肃与沉重。顶面材质的厚重感和华丽的单体家具，没有在颜色上形成差别，为了迎合这样的空间格调，设计师选择了一款复古的铁艺烛台灯，增强了空间的历史感，带来了华丽而严肃的空间气质。

灵感5🔆 ▸ **265**

简单美式家居

在浅灰色的拉扣沙发前，搭配黑色扁铁的木质茶几，再加以现代感的地毯和黑色铁艺工业风吊灯，为整个空间营造出休闲的美式家居氛围。

灵感5🔆 ▸ **266**

纯白居室空间

设计师打造了一个纯白的极简居室空间，斜搭在沙发上的毯子成为了空间中唯一的点缀色。顶部空间的灯具也很好地跟整个白色空间融合在一起。

灵感 5○ ▸ **267**

烦琐和简单的对比

本案是传统的欧式风格，在家居陈设的设置上融入了一些中式元素，而且还搭配了现代感的沙发和茶几。设计师为了呼应硬装的金属色材质，选择了一款繁琐的金色水晶玻璃灯具，既纷繁又有高贵气质。

灵感 5○ ▸ **268**

休闲美式空间

在休闲的美式空间中，装饰着繁琐的欧式画框，为和画框协调，选择了一款造型别致的金属茶几。为和这些空间元素搭配，设计师选择了一款多层水晶式吊灯，为雅致的空间增添了华丽大方的气质。

灵感5♡ ‣ **269**

环形之美

本案空间打破了常见的客厅格局，摒弃了以电视为主的摆放形式。选择圆形沙发增加了线条的美感，上空的吊灯也选择了同样的环形元素，增加了观感上的统一度。

灵感5♡ ‣ **270**

不规则吊灯

一般的家居空间设计中客厅的四面都会有墙，本案是通过家具陈设围合了客厅空间。设计师在灯具的选择上，也并没有拘泥于传统单主灯的形式，而是选择了不规则的群主式灯具排列，和家具摆放的形式非常协调。

灵感5○ ▶ **271**

吊灯的选择和空间色调相结合

落地式大玻璃窗是本案客厅空间的一大亮点，可以俯瞰到全城的景色。设计师选择了一款金属铁艺的吊灯，成为了空间中的视觉焦点，笔直的灯具造型和空间里的直线条相得益彰，完美地融合到了空间的氛围中。

灵感5○ ▶ **272**

简约的内涵

本案的现代风格空间中没有设置主照明，而是在顶面的灯池进行了线性光源的设计，以间接漫反射的形式照亮了空间。沙发区域分散式的装饰灯具，打破了中规中矩的空间结构，选择裸露的光源加上铁艺的装饰，简单而形象。沙发后方的一字条形装饰灯，垂直照亮了书桌区域，简约而富有内涵。

灵感5○ ▸ **273**

浪漫贝壳花瓣

设计师在欧式风格的空间中选择了一款由贝壳组成的吊灯。和整个顶面的色彩及造型极为贴切地融合在一起，在色彩上也和整个空间形成了良性呼应。

灵感5○ ▸ **274**

硬装极简软装占主导

本案空间的墙面以白色为主，搭配深色的家具，在空间里形成很好的层次感。灯具的选择和空间风格协调一致，打造出极为和谐的家居空间。

灵感5○ ▸ **275**

抢眼的空间灯具

空间里的主灯和台灯在形式上非常抢眼，并且以双色的用色形式和空间里的色彩形成多重呼应。灯具张扬的造型给空间带来活泼的气氛。

灵感5○ ▸ **276**

灰色调软装与华丽水晶灯的邂逅

灰色调的软装饰品搭配硬装的大理石，整个空间显得华丽贵气。一款造型别致的水晶吊灯为空间带来了别样的装饰效果，在形状上也和上方圆形的窗口形成呼应，加强了空间关联感。

灵感5○ ▸ **277**

唯美童话

整个空间的颜色搭配以白黑为主，显得简约素朴。设计师选择了一款非常浪漫，富有童话气息的主灯作为空间点缀，营造出不一样的温馨感受。

灵感5○ ▸ **278**

静谧的浪漫

整个空间充斥着厚重的装饰，颜色也呈现出庄重的感觉。主灯造型简单，灯具产生的光影效果映衬在天花板上，有着玄幻的美感。台灯和落地灯也为空间营造了一种静谧浪漫的光影气氛。

灵感5○ ▸ **279**

厚重而带有华丽感的居室空间

本空间色调比较沉重，在电视一侧的置物格中，设计师采用了背光式设计，照亮了每个格子内的陈列品，并且有着放大空间的作用。

灵感5○ ▸ **280**

冷暖色巧妙利用的空间

本案的色调搭配简单而富有创意，灰色加墨绿色的沙发搭配，以色差的对比丰富了空间的视觉。壁炉的正中心还有一面橙色铜镜，在给墙面带来色彩的同时，还与装饰画遥相呼应。茶几上空的吊灯清新而浪漫，以圆形的造型和墙上的镜面形成了呼应。

灵感5○ ▸ **281**

庄严肃穆的灯具

本案因为空间层高的原因选择了大型华丽的
吊灯。进入这个空间时，第一视觉都会集中
在这个大型水晶灯饰上，极具震撼力，并且
以其奢华的造型，轻松地成为了整个空间的
视觉焦点。

 ▸ **282**

吊灯和空间硬质材料的协调

本案是一个别墅的客厅空间，没有过多的硬装装饰，主要靠一些家具和饰品作为搭配。空间中的吊灯和窗户的线条融合得恰到好处，在空间中显得非常协调。

灵感5○ ▸ **283**

华贵的金色

在本案的别墅空间里，几乎所有的金属制品，包括灯具、镜子、台灯、金属架，都采用了金色作为配色，散落在各处的金色完美地提升空间华丽感，同时也是体现装饰主义的重要元素之一。

02 卧室空间灯饰搭配与照明设计

卧室选择灯饰及安装位置时应避免有眩光刺激眼睛，低照度、低色温的光线可以起到促进睡眠的作用。卧室内灯光的颜色不宜过强或发白，因为这种光线容易使房间显得呆板而没有生气，灯光最好选择橘色、淡黄色等中性色或是暖色，有助于营造舒适温馨的氛围。

一般卧室的灯光照明可分为普通照明、局部照明和装饰照明三种。普通照明供起居室使用，最好装置两个控制开关，方便使用；局部照明则用于梳妆、阅读、更衣收藏等，例如在睡床两旁设置床头灯，方便阅读，但注意灯光不宜太强或不足，否则会对眼睛造成损害；装饰照明主要在于创造卧室的空间气氛，例如可以摆放仿真蜡烛，或在墙面上挂微光的串灯，营造星星点点的浪漫氛围与情调。

※ 卧室床头灯方便晚间阅读

※ 卧室中利用灯带作为氛围照明

※ 卧室主灯兼具装饰功能

※ 卧室采用主灯与壁灯结合的照明方式

灵感5○ ▸ **284**

充满中式元素寓意的卧室空间

金色可为空间增加贵气华丽的氛围，两盏金属材质的吊灯作为床头照明，增添了卧室的奢华感。主灯的造型源于中式莲花的盛开，为空间带来了很好的装饰作用。在床头背景墙上搭配一副春游围猎的装饰画，并以两盏筒灯进行重点照明，提升了空间的艺术气息。

灵感5○ ▸ **285**

满饰空间

整个空间的设计元素非常丰富，墙面花纹和窗帘花纹相呼应。因为空间的层高并不高，所以在灯具上选择了一款横向延展的主灯。空间中的台灯和条案的台灯属于同一款灯具，增加了视觉的统一性。近处的烛台灯营造出空间的神秘气息。

灵感5⃝ ▸ **286**

蓝色公主

这个案例完美地呈现出女性空间的柔美特质。由无数浅蓝色玫瑰
花组成的圆形灯具，花朵造型的灯饰和窗帘的图案进行了呼应。
在空间中最突出的要数吊篮中抱枕的颜色，让蓝色的气氛贯穿整
个空间，清新而唯美。

灵感5⃝ ▸ **287**

神秘优雅紫色调

空间中点缀金色的灯具，整个空间形成了以黄紫为主的色彩格调，
吊灯和壁灯在材质及色彩上相互呼应，有着统一的美感。空间中
没有过多浓重的颜色，但是整体呈现的浅紫色调，给人以舒服甜
美的感觉。

288

灵感5💡 ▸ **288**

马卡龙色恬静空间

本案的卧室空间层高非常充裕。设计者根据空间的色调和风格选择了一款造型复杂的白色灯具，迎合了空间中的装饰风格。墙面大面积的灰蓝色和顶面的白色形成了对比，展现出既冲突又和谐、欲拒还迎的美感。

灵感5💡 ▸ **289**

鱼线吊灯

床头的黄色抱枕和墙面的装饰画在色调上互相穿插，形成了统一。床头吊灯的运用可以体现出层高在空间装饰中的优势，并成为了空间的亮点，既满足了照明的需求，又极好地装饰了卧室空间。

灵感5. ► **290**

浪漫灯带

本案例是一个现代卧室空间，空间主照明采用内藏式灯带。设计师为突出空间中的窗帘质感，在窗帘顶部进行了内藏式灯带的设计，突显了窗帘的品质感，并且增加了空间的进深感。床头两侧的台灯对空间进行了很好的平衡照明。

灵感5. ► **291**

特色灯具

从案例中的布艺搭配可以看出这是一个女性化的清新空间。卧室采光充足，沙发处的台灯在阅读时起到了局部照明的作用。空间中的主灯选择了一款装饰性很强的布艺灯，粉色调的灯具和空间中的布艺色彩形成呼应。空间中多种纹样、多重色彩的出现，在以白色为主体色的空间中显得格外鲜艳。

灵感5 ▸ **292**

午后乡村的一缕阳光

现代乡村气息的居室空间，自然采光充足，景色宜人。采用一款珠帘式装饰吊灯，起到了装饰空间的作用，并且和窗帘以及床品搭配自然，给空间带来了一丝女性的柔美气息。

灵感5 ▸ **293**

舒适的多层次光源

本案空间采用了多层灯光的设计手法，一是床头的两侧的壁灯，有效地照亮了局部区域；二是空间中的落地灯，很好地营造了空间的休闲气氛；三是窗帘上方的灯带设计，尽显窗帘的质感；四是梳妆台上台灯，为化妆进行了补光。不同光源的结合，给空间营造出温馨舒适的感觉。

灵感 5⚬ ▸ **294**

不对称的空间灯具搭配

本案的卧室地面采用了鱼骨形木地板的形式，直接沿用到了床头背景墙上，设计师在灯具的选择上采用了灵活的轨道式射灯作为主照明，选择了不对称式的吊灯作为床头灯，在空间中形成了不对称的别样美感。

灵感 5⚬ ▸ **295**

淳朴自然的乡野气息

空间里的家具、地板、床尾箱都选择了原始仿旧的设计。为迎合这种空间风格，设计师巧妙地选择了一款以树枝为元素的灯饰作为空间的主照明。床头上方的壁灯则作为局部重点照明，满足了居住者对于阅读照明的需求。

296

灵感5○ ‣ **296**

平铺直叙

本案空间最大的亮点就是床头隐藏式的灯带设计，通过光源的反射，进行了空间结构的照明，同时反映出墙面的材质，增加了空间的进深感，成为了空间中的设计亮点。平铺直叙的灯光设计也体现出卧室空间的简洁风格。

297

灵感5○ ‣ **297**

多元的几何形状

本案是以白色为主色调的空间，并以不同的纹样材质进行搭配。从简约的铁艺灯饰可以看出这是一个工业气息很强的空间，简单的铁艺、利落的三角形造型和地板的纹样遥相呼应，让空间里的各元素达到了统一。

灵感5○ ▸ **298**

简欧卧室空间

在层高较高的卧室中选择使用吊灯，能给空间带来更强的装饰效果。设计师在吊灯的选择上，细心地考虑到了空间中的家具，吊灯的白色灯罩和床头的白色台灯在空间中遥相呼应。灯具简约大方的造型，和整体空间所呈现的风格形成了统一。

灵感5○ ▸ **299**

温润木质

为突出室内材质的装饰性，设计师在床头进行了隐藏式灯带的设计，把墙面凹凸变化的质感完美地体现了出来。床头背景墙的嵌入式灯带起到了壁灯的作用，且和空间的气质极为相符。床头一侧的吊灯同样采用了木质的材质，以温润的材质和光源相结合，营造出自然清新的空间气氛。

灵感5⃝ ▸ **300**

光的表情

从空间里的材质上可以看出这是一个现代中式风格的居住环境。木色温润的视感和空间中白色布艺形成了很好搭配。给人朴实舒适，富有内涵的感觉。空间里的黑色成为了点缀色，虽然面积不大，但点缀效果极强。在灯光的营造上没有采用大型的装饰灯具，而是用了含蓄的照明手法，衬托出空间的独特气质。

灵感5⃝ ▸ **301**

海之蓝

本案是以海洋元素为主题的卧室空间。颜色的选择和床品布艺的纹路呼应了空间的主题，设计师选择了一款草编的球形灯具，给空间增加了自然朴实的气息，同时以材质的区别带给了空间很大的变化，光洁感和粗糙感在空间里形成了很好的对比。

灵感5○ ▸ **302**

银色的铁艺灯饰为空间拉开层次

床头的主题墙采用了深沉的色调，为了拉开空间层次，
在灯具上采用银色作为配色，主灯和床头的吊灯都采用
高反光的钢材质，以深色和银色对比给空间增添了一丝
现代气息。

灵感5○ ▸ **303**

全部采用间接式照明的卧室空间

典型的现代风格卧室空间，灯光层次很分明，没有采用
主灯作为照明，全部都是点状光源和线性光源。这种光
源的设计，非常符合现代风格，可以把空间的简洁感推
到极致。

灵感5⊙ ▸ **304**

卧室的灯光重在放松

卧室是休息和放松的地方，因此灯光不需要太强，以保证睡眠为主。床头的洗墙灯带是卧室中的主要照明，采用漫反射的灯光效果，很好地营造了卧室静谧的氛围。床头两侧的台灯与床头高度处于同一条直线，因而在视觉上平衡了空间。一侧墙体内陷的玻璃造型，给空间增加了通透感。

灵感5⊙ ▸ **305**

贵族气质

既酷又华丽的居室卧房，设计师于灯具的颜色和整体空间色彩保持一致，使空间增加了金属的华丽感。顶面两侧的隐藏式灯带营造了静谧的空间氛围，顶面嵌入式筒灯是卧室里的主照明，整个空间呈现出一种贵族的气质。

灵感5 ▸ **306**

未来之光

现代感十足的卧室空间，以灰黑色调为主。设计师为了更进一步地表达居室的现代感，所有照明都采用 led 灯带式间接照明，让整个空间都充满现代感和科技感。

灵感5 ▸ **307**

镜中世界

本案空间以蓝色和黄色为主色调，并以金色作为点缀色，高雅而奢华。想衬托空间的华丽感，灯具的选择至关重要。设计师选择了金属质感的金色台灯，为空间增添了华贵气质。床头两侧的镜面则增加了整个空间的开阔性。

308

灵感5 ▸ **308**

绿荫丛中一点红

本案空间以墨绿色为主色调，以红色作为点缀，两种色彩的搭配带有很强的视觉冲击，整个空间因为两侧都有落地窗，所以窗帘也成为了空间色调的主要来源。为了突出窗帘的质感，在棚顶装了四盏射灯。床边的落地灯以温馨的光线，烘托了整个卧室空间的氛围。

309

灵感5 ▸ **309**

折纸的艺术

本案的金色在空间里成为了拉开浅色调的重要元素。最具亮点的装饰要数床头背景的饰品，如同一张被揉碎到褶皱的金纸，有着凌而不乱的美感。卧室中的吊灯色彩和空间的整体色调搭配协调，呈现的色调让人觉得温馨舒适，且极富内涵。

灵感5○○ ▸ **310**

圆形空间的灯光运用

本案空间是一个圆形卧室,吊顶的造型和圆床采用了相同形状。顶面的暗藏灯带也是在圆形的基础之上添加的,增加了空间的层次感。整个空间的视感非常统一,给人以温馨的感受。

灵感5○○ ▸ **311**

北欧青绿风

灰绿色北欧风格的卧室空间。在灯具的选择上以照明功能为主。想要体现空间的简洁气质,在灯具的形式上不必选过于夸张、装饰性太强的灯具,而以满足功能需求为主。空间中灯具的线条感和床头柜的形状元素统一,也是一种互相渗透的组合,从而统一了空间的装饰手法。

灵感5○ ▶ **312**

红白色调的卧室空间

床尾一侧白色沙发上的红色抱枕，呼应了空间中的红色沙发。在大面积白色调的空间里，红色起到了点缀辅助的作用。吊灯在空间里处于居中的位置，并以其独特的造型为空间带来了很好的装饰效果。

灵感5○ ▶ **313**

高反光的护墙板在空间当中的运用

设计师在墙面采用了护墙板作为床头背景墙，为突出床头材质的昂贵，在天花的边顶上采用三盏嵌入式筒灯打亮了床头背景，并且突出了墙面材质和装饰画，为空间带来了装饰效果。床头两边的台灯同样照亮了墙面的材质，高反光的护墙板饰面，成为了空间里的主要装饰材质。

灵感5〇 ▶ **314**

装饰主义居室空间

空间中的多数饰品都呈现出了金属的质感，比如床头的饰品及台灯等，营造出一个既神秘又华丽的空间。镂空铁质的多层吊灯和空间里的其他金属饰品在材质及颜色上相互呼应，呈现出奢华而又典雅的美感。

灵感5〇 ▶ **315**

异域风情

女性空间的典型案例，浪漫的灯饰营造出了一个公主气息的卧室空间。灯具以铁艺和珠帘作为搭配，给空间带来了一丝异域风情。灯饰上的蓝色珠帘和散落在空间各处的蓝色形成了呼应，带动了整个空间的气氛。

灵感5○ ▸ **316**

灵感5○ ▸ **317**

深色沉稳的空间配以昏暗的灯光

整体空间颜色沉稳，昏暗的色调和暖色的光源给人带来了愉悦而放松的心情。床头一侧的黑色台灯保证了阅读时的照明。设计师用隐藏式的灯带提亮了床头背景墙，成为空间中的视觉焦点。

阁楼空间

本案是阁楼的一角，室内装饰保留了建筑的原有结构，为了迎合内部结构，在家具和饰品的选择上也以铁艺为主。灯具的选择也和家具的形式统一，空间中的布艺纹样清新自然，结合空间里的白色，加上良好的采光，显得温馨而自然。

灵感 5○ ▸ **318**

轻松简约的卧室空间

空间里梳妆台的圆形镜子采用后背光的设计，能保证在使用时消除面部的阴影，圆形的镜面造型也是空间中一大亮点。床头两侧不但有下掉的吊灯，还有壁灯的设计，既有浪漫的装饰效果，也保证了阅读时的重点照明。

319

灵感 5○ ▸ **319**

幽暗中的光影精灵

本案空间中的灯具丰富多样，有主灯、壁灯、床头台灯以及落地灯。多种灯具为空间带来了间接和半间接形式的照明，形成了不同层次的光影变化，为幽暗的环境营造出梦幻般的灯光效果，让人如痴如醉。

灵感5 ▸ **320**

金属枝型吊灯

卧室里的地毯纹样、搭毯纹样和抱枕纹样在空间里起到了非常好的装饰作用。金属质感的枝型吊灯丰富了空间里的线条，和地毯的纹样搭配合宜，增加了卧室空间的华丽感。

灵感5 ▸ **321**

圆形元素

可以看出本案中有很多圆形的元素，圆形灯具、圆几，诸多圆形元素贯穿整个空间。床头两侧的壁灯光源向上照射，增加了床头的开阔感。顶面主灯以张扬的造型在视觉上扩张了顶面空间。

灵感5○ ▸ **322**

纯色空间

设计师为了在空间中体现简洁的精神，在灯具上没有过多的装饰，简洁而大方，而且也很好地满足了功能性照明。自然的麻质颜色是纯白空间里的唯一色彩，极简、干净的设计犹如清澈的山泉般自然而动人。

灵感5○ ▸ **323**

来自贝壳的光泽

本案空间以浓郁的深色调为主，搭配自然的木色，增加了空间复古仿旧的感觉，多层贝壳式的吊灯在颜色上和床品形成呼应。床头两侧的台灯则选择了金属质感的黑色款式，与背景墙颜色接近，增加了空间的整合度。

324

灵感5 ▸ **324**

幽蓝空间

本案的卧室空间在格局上并不是很规整，在灯饰的选择上迎合了空间的层高，打造出一种浪漫情调。设计师根据空间的倾斜角度，在床头加入了嵌入式点光源作为床头的照明，极为浪漫。空中大型球形编织物吊灯，光源透过灯罩把光影映衬在背景墙上，起到了装饰空间的作用，构思立意非常巧妙。

灵感5 ▸ **325**

红蓝碰撞的英式风格

深蓝色和深红色的搭配体现出了英伦风格的主色调。墙面的留白和白色的灯具，给空间带来了清新的美感。高低错落、形状各异的球形吊灯，给空间增添了俏皮感。

326

灵感5○ ▸ **326**

暖色光源

设计师在硬装的细节上考虑很多，所有墙面以及顶面天花都进行了金色不锈钢收边。在光源的定位上，没有选择主光源照明，采用点光源和线性光源来营造空间的气氛，这样的灯光层次显得低调奢华有内涵。床头柜上方的吊灯，有效地平衡了空间的视觉。

327

灵感5○ ▸ **327**

曲美

本案空间的一大亮点是曲线的运用，迎合了空间里曲线造型的灯光，尤其是床头背景墙的设计，弧线的造型增加了空间的灵动感。线形光很好地勾勒出了空间的造型，并且与光源形成配合，整个空间显得非常的浪漫，富有情调。

灵感 5 ▶ 328

简约中式风格灯光层次分明

从家具的选择、床头壁纸的运用以及顶面天花的造型上可以感觉到这是中式卧室空间。中间主灯起到统一空间风格的作用，天花一圈的隐藏式灯带成为了主要的间接照明。床头的两侧台灯和上方嵌入式筒灯，营造了空间的灯光氛围。

灵感 5 ▶ 329

柔美华丽的珠帘吊灯

珠帘式水晶灯会给人柔美浪漫的感觉，并且灯具的垂感很好，正好符合空间的格调，体现出女性的柔美气质。四周的嵌入式筒灯是空间中的主照明，在床头柜的位置进行了单侧光源的设置，为空间增加了节奏感。

灵感 5⃝ ▸ **330**

黄蓝色调的男性空间

整体空间以蓝黄为主色调，风格倾向于男性空间，在灯具的选择上以装饰性为主，多头灯泡玻璃圆形吊灯和床头吊灯形式统一，增加了整体的时尚感。空间中的蓝色黄色在不同位置穿插对比，体现出色彩组合协调搭配的美感。

灵感 5⃝ ▸ **331**

东南亚巴厘岛风

从卧室的床品和装饰品的纹路上可以看出，本案是一个具有东南亚异域风情的居室环境，因此采用了有地域特色的床毯和抱枕，在灯具的选择上也迎合了空间主格调，以镂空草编的材质为主。

03 餐厅空间灯饰搭配与照明设计

餐厅灯饰照明应以餐桌为重心确立一个主光源，再搭配一些辅助光源，灯饰的造型、大小、颜色、材质，应根据餐厅的面积、家具与周围环境的风格进行相应的搭配。此外，如果用餐区域位于客厅一角的话，选择灯饰时还要考虑到与客厅主灯的关系，不能喧宾夺主。

对于层高较低的餐厅来说，筒灯或吸顶灯是主光源的最佳选择，而层高过高的餐厅使用吊灯则能让空间显得更加华丽而有档次。也能缓解过高的层高带给人的不适感。2-4人的餐桌适合单盏大灯，如果餐桌较大，不妨多加 1-2 盏吊灯，但灯饰的大小比例必须调整缩小。1.4m 或 1.6m 的餐桌，建议搭配直径 60cm 左右的灯饰；1.8m 的餐桌配直径 80cm 左右的灯饰。长形的餐桌既可以搭配一盏相同造型的吊灯，也可以用同样的几盏吊灯一字排开，组合运用。

※ 餐厅多盏吊灯形成错落有致的视觉效果

※ 层高较低的餐厅适合吸顶灯

※ 面积较大的餐厅可增加壁灯作为作为辅助照明

※ 餐厅使用单盏吊灯

332

灵感5 ▸ **332**

多层璀璨的水晶吊灯

多层的水晶吊灯层层叠加，华贵而璀璨，而且从形状上呼应了餐桌的黄色花卉。餐桌背后的多宝阁，每一层都有设有灯光装饰，打亮了阁中的装饰品。操作台暗藏灯带的设计又很好地照亮了橱柜的质感。顶面一侧的嵌入式射灯则有效地对空间进行了补光。

333

灵感5 ▸ **333**

几何形吊灯创造摩登感觉

本案是一个现代简约风格的空间。以爵士白大理石为桌面，木质作为桌腿，大理石的坚硬和木质的温润在材质上形成碰撞，再配合矩形几何形状的菱形镂空式吊灯，在简约单一的空间里形成了强烈对比。

334

灵感 5○○ ▸ **334**

梯形国王式吊灯

本案以白色和原木色作为空间里的主要色彩，朴实而自然。梯形国王式的白色灯罩和空间中的白色墙面融合在一起，又和空间中的原木色形成深浅对比，体现出富有生活气息的一面。

335

灵感 5○○ ▸ **335**

吊灯材质呼应空间家具

本案空间以北欧风格主题，餐桌上方特地配置了一盏环形不锈钢吊灯，在材质上和墙边置物架形成了呼应，同时营造出空间里的视觉焦点。本案空间以白色和木色搭配为主，深色则作为空间里的重色点缀，打造出简约清新的北欧风格。

灵感5○ ▸ **336**

覆盖整个天花板的光源设计

本案空间没有主灯，而是利用了聚光灯和面光源很好地对空间进行了均匀照明。面光源又把天花板的造型诠释得非常完美。层层叠叠的造型在视觉上提升空间的高度，从心理上减轻了深色顶面的压抑感。

灵感5○ ▸ **337**

新颖别致的吊灯

新颖别致的创意吊灯，类似于花瓣的褶皱肌理，光线随着褶皱投射而出，洒向整个空间，创意十足。空间大面积地采用了深灰色调，白色的灯具和圆几成为了拉开空间色彩层次的关键。从另一个角度来说，白色成为了空间里的点缀色，清新而雅致。

338

灵感5 ▸ **338**

一叶飘浮

餐桌上方悬挂一盏木皮吊灯，质朴而简单。墙面柳叶状金属壁灯散发出黄色的光晕，和餐桌上木质圆形吊灯都给人以原生态的感觉。灯具的造型和墙上装饰画中的几何图案形成呼应，打造出一个简约又不失时尚感的空间。

339

灵感5 ▸ **339**

主灯和其他灯具营造空间故事性

餐厅主灯选用泡泡灯来强调视觉中心，壁炉两边的壁灯也同样采用了相同的手法。包括空间中的圆形餐桌和餐桌上的圆形果盘，都在形状上很好地形成了呼应。墙面采用大量复古欧式元素，但家具的选择偏向现代北欧风格，因此形成了繁简有序的对比。

灵感5💡 ▸ **340**

聚集式线型吊灯

空间中的聚集式吊灯在材质上选用了金属不锈钢，呼应了新中式空间的华丽氛围。墙面上的造型利用灯带凸显了丰富的空间层次，并营造出中式风格的意境。顶面上的筒灯设置很好地照亮了空间，体现出新中式风格的华丽和贵气。

灵感5💡 ▸ **341**

红蓝冲突

在吊灯的设计中融入烛台的造型，将一种古典美与华丽感带到整个空间，而且凸显出烛台的浪漫气质。在壁炉的上方，设计师采用了一幅红蓝搭配的现代风格装饰画，打破了空间里保守而沉闷的色调，增加了现代时尚的气息。

灵感5○ ▸ **342**

蓝色海洋

蓝调的法式浪漫空间，吊灯的体积在空间中非常有分量，以其金属的质感和桌面餐具镶嵌的金边，还有用餐椅的金色滚边形成了呼应，成为了空间中不可或缺的颜色。由于有大量的蓝色充斥在空间中，因而金色正好成为了空间里的点缀色，为空间的色彩关系拉开了层次。

灵感5○ ▸ **343**

金属镂空式吊灯

本案空间搭配以胡桃色和皮质材质，体现出了空间的厚重感。圆形的吊灯、方形的连续镂空金属图样和空间中的屏风花格，在纹样上制造出延续空间的视觉效果。空间中没有多余的色彩，金色的灯具成为了最为闪光的点睛之笔。

灵感5○ ▸ **344**

点点烛光的浪漫

本案是以黑色为主调的家居空间，搭配富有创意的组合灯具，从灯具的灰色透明材质中露出斑驳的点点烛光，生动地体现了空间的浪漫气息，还透着神秘的感觉。顶面的大面积裸露原始水泥材质，以水泥不加修饰的粗糙感，成为了空间里一大装饰特色。

灵感5○ ▸ **345**

巢之家

如此张扬的一款吊灯像鸟巢一样悬挂在空中，发出温暖的黄色光源，点亮整个空间，带来温暖洋溢的气氛，并且起到限定空间的作用。空间中壁纸纹样和花卉摆放，增添了环境中的自然意境，寓意着家是一个温暖的爱巢。

灵感5 ▸ **346**

灯泡海洋

敞亮的中庭有着非常好的采光。从中庭的挑空上落下星光点点般的球形灯泡吊灯，很好地营造了空间气氛。应用的圆形元素呼应了桌面元素，因而连贯了整个空间。远处玻璃材质的运用，把对面的景色引入到就餐空间，使两个空间连通，宽敞而大方。

灵感5 ▸ **347**

金属感十足的现代灯具

本案空间以灰橙为主色调，别具一格的金属质感吊灯，在视觉表现和营造氛围上独树一帜，在空间里起到了很好的装饰作用。金属的光泽加橙色的点缀与灰色形成了冷暖对比，打造出整体空间的奢华感。

灵感5💡 ▶ **348**

魔幻双球

不同形状、材质且纹路繁简不一的灯具组合，成为本案方正空间的视觉焦点。造型独特的灯具和后面大面积深色橱柜，在颜色上形成对比，起到了吸引视觉的作用，同时又和餐桌的蓝色形成色彩上的呼应。

灵感5💡 ▶ **349**

香水百合

透明玻璃质感的烛台吊灯仿佛空中盛开的花朵，玻璃的质感增加了透光性，像是一件精雕细琢的花朵装饰品悬于空中，成为了空间中的视觉焦点。独特的造型和桌面的百合花形成呼应，为空间增添了自然的气息。

灵感5○○ ▸ **350**

少女的黑色裙摆

大型组合式珠帘吊灯造型简单
却不失装饰效果，以丝绸和玻
璃两种材质组合，软性材质和
硬性材质的完美结合提升了空
间的华丽感。妖艳火红的橙色
是空间里的主打色，黑色的出
现给空间增加了力量，墙面的
大型装饰车边玻璃，增加了空
间的视觉开阔度。

灵感5🔆 ▸ **351**

空间当中的枝形吊灯

在本案中考虑到空间的层高局限，选择了一款枝形马蹄莲花瓣式的枝形吊灯，丰富了横向空间。周围的线性灯带以间接照明的手法满足了空间的基本照明，丰富了空间的灯光层次，提升了空间的视觉高度。

灵感5🔆 ▸ **352**

深色之光

沉重的铁艺吊灯在空间中显得粗犷而有力。深色的餐桌餐椅是本案空间的一组重色，和空间中的浅色形成颜色上的进退对比，营造出不一样的用餐空间，让人浮想联翩。

354

灵感5○ ▸ **353**

个性十足的壁灯

在本案中设计师并没有采用传统的手法选择餐区用灯，而是大胆地选择了一款三头分散式壁灯，在体现个性的同时也保证了此区域的光照度。墙面大面积的麻质饰面材质，凸显了黑色金属壁灯。空间里的家具都选择了自然的原木质，温润的木色为空间营造了舒适的气氛。

灵感5○ ▸ **354**

璀璨的丛林灯饰

餐桌的长度决定了吊灯的长度，灯具和桌面形成长度的呼应。多层次的珠串式水晶吊灯华丽感十足，水晶加上墙面玻璃材质的反光，使空间既有欧式的贵族气息，又有时尚的现代感。

灵感5💡 ▸ **355**

线条式简约吊灯

由于条形的吊灯在空间中占的面积很小，光照的范围也局限，因此采用线性的结构组合灯具用于餐厅中，显得干净而利落，也很好地起到了平衡空间的作用。构思巧妙的灯具和远处墙面装饰画中的黑白元素形成了完美呼应。

灵感5💡 ▸ **356**

青苹果乐园

本案例由于空间的挑空非常开阔，因此设计师用了一款圆形的球形吊灯垂于餐桌之上，增加了聚拢感，丰富了空间的层次。圆形的造型同餐桌形成呼应，色彩和整体空间形成一致，增加了空间的整合感。

灵感5 ▸ **357**

从餐厅刮过北非地中海风

粗犷的毛石贴面与原始的木梁结构，外加复古的餐桌、地面的陶瓷摆件、餐桌上的红铜奶壶，集中地打造出了室内的粗糙感。卡座上方的灯带提亮了墙面的石材纹路，餐桌上方的铁艺玻璃吊灯体现着空间的风格。灯光透过玻璃的折射，显得波光粼粼。顶面的嵌入式筒灯成为了空间中的主照明。

灵感5 ▸ **358**

独特的多球式组合吊灯

在本案选用了一款造型独特的球形吊灯作为空间的主要照明。灯具由多个大小一致的球形组成，并以不规则的排列方式让人眼前一亮。造型新颖的灯具不仅满足了餐桌的照明需要，也是空间中很好的装饰元素。

灵感5◯ ▸ **359**

硬朗工业感

不拘一格的趣味性吊灯，利用线性吊灯来变
换空间的节奏，也增加了空间的趣味性。灰
色调木饰面不同形式的运用，突显了本案空
间不凡的装饰格调。

灵感5◯ ▸ **360**

金色玻璃吹制灯具

本案采用了厨房和客厅开放式的设计，很好
地增加了空间的联动性，空间中的灯具主要
采用玻璃材质的吊灯，提升了空间的华丽感。
吊灯的悬挂很好地界定了空间的范围，金色
的玻璃吹制灯具为空间增加了华丽的氛围。

361

灵感 5◯ ▸ **361**

黑色趣味

在用餐区域选择组合吊灯，可以增添空间的趣味性，并且界定了两个连通的空间，给人以灵活的感觉。本案不同于常规的装饰手法，为空间制造了装饰亮点。

362

灵感 5◯ ▸ **362**

音乐之家

三盏大小不同的吊灯搭配圆形餐桌，使餐桌有了足够的照明。顶面天花的嵌入式筒灯带来了补光的作用，使光线能照到每一处，并增加了空间的层次感。墙面一侧的贝斯展示，为空间增加了音乐气质。在局部进行筒灯点缀，打亮了装饰摆件。空间运用的大量木质以深色调为主，并以层次分明的灯光照亮了空间。

灵感5 ► **363**

金色玻璃吹制灯具

设计师在餐桌上选择了一款简单的白色花朵式吊灯作为餐桌区域的主要照明。公共区域则以嵌入式筒灯为主，一侧的铁制酒架内藏灯带照亮了陈列物品。空间中大量地运用原木作为装饰，带来了自然纯朴的气息。

灵感5 ► **364**

甜心冰激凌

一款组合式如云朵般造型的可爱吊灯，看似漂浮的云朵成为空间的焦点，增加了空间的甜美气质。云朵造型的灯具如同香甜可口的冰淇淋，带来了甜蜜的家居享受。

灵感5○ ▶ **365**

装饰意味十足的吊灯

装饰感十足的室内空间，设计师大胆地运用了紫色的大花纹壁纸给空间定了主要基调。灯具选择了一款玻璃吹制的欧式吊灯，增加了空间的时尚摩登感，带来了惊艳而舒适的独特氛围。

灵感5○ ▶ **366**

羊皮纸灯笼吊灯装点大型空间

本案的用餐空间层高相当理想，采用高低错落羊皮纸灯笼吊灯，在大型的空间中起到上部空间的装饰作用。一侧墙面木质加玻璃的陈设柜，灯光通过线性木条照亮了局部区域，在成为墙面装饰元素的同时也照亮了陈列的物品。

灵感5💡○ ▸ **367**

蓝色异域风情

设计师在本案空间中选择了一款铁艺加云石透光的异域风格吊灯，点亮了空间氛围，并且强调了地域风情。灯具和空间中的陈设相互呼应，打造出了一个富有异域色彩的餐厅空间。

灵感5💡○ ▸ **368**

白色地球

设计师在本案的美式空间中选择了一款面积不小的球形灯具，灯具的黑色经纬条形纹路和餐饮的黑色收边形成了线性呼应，灯具和家具在空间里的搭配恰到好处。本案餐厅以白色调为主，色感强烈的装饰画成功地点亮了空间。

灵感 5⃝〇 ▶ **369**

圆形多层水晶式吊灯

整个空间透着新古典的华丽气息。墙面的镜面和两边的壁灯都采用了高反光的材质，增加了空间的华丽感。餐桌上的多层圆形水晶吊灯起到了烘托整个空间的作用。墙面的镜子很好地反射了空间，加之水晶吊灯的光芒，尽显华丽的空间格调。

灵感 5⃝〇 ▶ **370**

竹形吊灯

竹子形状的吊灯和空间里的元素形成了竖向呼应，增加了空间的利落感，提升了格调。空间中的用色沉稳厚重，顶面的留白处理和立面的厚重形成了对比，从而增加了空间的层次感。

灵感5○ ▸ **371**

空间格调融为一体

以紫色点缀的室内空间，由于紫色是所有色彩中色性最不稳定的，因此在选择灯光和灯具时需要注意细节。设计师选择了一款玻璃质感的球形灯具，很好地散发出温暖的光源，和紫色形成了冷暖的对比，综合了空间的气氛。

灵感5○ ▸ **372**

贝壳状摩登时尚灯具

设计师在北欧风格的空间里选择了一款银灰色，金属外观如贝壳状的时尚灯具，给人一种时尚高档次的感觉。独特的灯具造型提升了整个室内空间的现代感。

灵感5○ ▸ **373**

灯具的选择要考虑空间高度

可以看出本案空间的层高并不理想，所以在选择灯具的时候要考虑到层高的局限。设计师选择了一款下挂不多的组合式吊灯，起到了平衡空间的作用。空间中最抢眼的要数玫红色的餐椅，搭配远处斑驳的墙面瓷砖，尤为抢眼。

灵感5○ ▸ **374**

搭配元素一致的空间吊灯

空间中虽然有重色搭配，但还是体现出了女性空间的气质。一盏镂空圆形的金属灯和餐桌的造型在形状上形成呼应，很好地增添了空间的柔美气质。

灵感5○ ▸ **375**

鹿角状光源吊灯

在这个带有原始时尚美感的空间中，设计师选择了一款光源裸露在外的鹿角状吊灯，灯具发出的暖色光源和空间所要营造的氛围相呼应，毛皮坐垫为空间增加了野性的色彩。

376

灵感5⊙ ▸ 376

以装饰性为主的吊灯

小件造型独特的饰品摆件是本案空间的点睛之笔。设计师在灯具的选择应用上也和饰品一样体现出时尚感及创意感，不规则的三角状吊灯极具视觉张力，很好地增加了空间的装饰性，并且成为了这个区域的视觉焦点。

377

灵感5⊙ ▸ 377

多种组合式空间吊灯

设计师在装饰风格繁琐的空间中，选择了体积分散的点状组合式吊灯，减轻了大型灯具的厚重感，并且给厚重繁琐的天花造型点缀出轻盈的感觉。

灵感5⃝ ▸ **378**

打破空间平庸感

高低错落的竹筒状吊灯在本案餐厅中极富视觉冲击力。有了这么一组吊灯的出现，很好地打破了空间在设计上的平庸感。灯具的出彩加上黑色和金色材质的运用，给空间添加了华丽时尚的感觉。

灵感5⃝ ▸ **379**

简单的中式吊灯

本空间是以中式元素为主的室内风格设计，在家具的选择和用色上沿用了中式元素。在灯具的选择上没有选择繁琐的中式灯具，而是选择了一款能体现了中式元素的简约灯具，很好地增加了就餐区的装饰气氛。顶面天花的内藏灯带为空间带来了柔和的照度。

灵感5○ ▸ **380**

巴洛克式风情吊灯

空间中张扬的金色吊灯让人想起了巴洛克式的装饰元素及手法，在粗犷中透着纤细的美感。像一把金色的麦穗般象征着丰收的喜悦，又不失古典的韵味，因而成为了用餐空间的焦点。

灵感5○ ▸ **381**

原木情怀

本案空间是简约的现代风格，空间中选择了同样简单的圆形金色环形组合式吊灯，作为用餐的主要照明。餐桌区域的重色给空间增加对比度，金色和黑色的搭配提升了空间时尚感。

灵感5○ ▸ **382**

融合与空间格调

本案是新装饰主义风格的空间设计，大量地采用了金属质感的材质，在灯具上也是如此，都体现出金属的反光效果，增加空间的奢华感，并且很好地和空间格调进行融合。

灵感5○ ▸ **383**

多层照明手法

本案是棕色时尚且商务气息浓厚的空间。设计师选择了一款枝形的花瓣式吊灯，增加了空间的柔美感和轻盈度，并且有效划分出了就餐区域的范围。两侧的轨道灯是空间里的主要照明，分别照亮了两侧空间，简洁而又为空间制造了平衡感。

灵感5○ ▸ **384**

吊灯的选择决定空间格调

白色的就餐区域，选择了两款欧式鸟笼状吊灯，烛台灯可以烘托空间气氛，外加玻璃灯罩让灯光更有层次感，大面积的白色搭配远处重色的点缀，为空间增添了层次感。

04 厨卫空间灯饰搭配与照明设计

厨房的灯饰应以功能性为主，外型大方，且便于打扫清洁。材料应选用不易氧化和生锈的，或有表面保护层的较好。安装灯饰的位置应尽可能地远离灶台，避开蒸汽和油烟，并要使用安全插座。灯具的造型应尽可能简单，以方便擦拭。厨房照明以工作性质为主，通常采用能保持蔬菜水果原色的荧光灯为佳，这不但能使菜肴显现出吸引食欲的色彩，而且有助于主妇在洗涤时有较高的辨别力。

卫浴间灯饰本身还要具有良好的防水、散热功能和不易积水的功能，材料以塑料和玻璃为佳，方便清洁。除主灯之外，卫浴间有必要增加一些辅助灯光，如镜前灯、射灯。但是，卫浴间不能过于明亮，会让人缺乏安全感，尤其是沐浴的时候，柔和的灯光能让人放松心情。

※ 镜前灯是卫浴间必不可少的照明灯饰

※ 卫浴间的灯饰除了防潮性能之外还应方便清洁

※ 厨房临窗的水槽上方宜安装小吊灯作为辅助照明

※ 厨房吧台上方适合安装一排小型吊灯

灵感5💡 ▸ **385**

隐藏式底板灯

壁式橱柜下方的 led 隐藏式灯带，让整个操作台处于一片光亮中。白色简洁的橱柜搭配黑色马赛克饰面装饰，在颜色上形成强对比，并且给空间增加了现代的时尚感。空间中的大面积留白和黑色马赛克运用，在面积的大小上进行对比，增加了空间的层次感。

灵感5💡 ▸ **386**

隐藏式照明减少空间沉重感

在镜面的下方开辟隐藏式的镜后灯区域，在看不见灯具的情况下，可以让灯光更易烘托该区域的氛围，也显得分外别致。浴室柜下方的间接光源设计，减少了柜体的体量感，从而有效地放大了空间，并且具有夜间引导的功能。

387

388

灵感5○ ▶ **387**

镜后背光成为空间中的装饰亮点

不追求豪华装修效果,却注重实用性的卫浴空间。如果较为狭小,那么节省空间的灯带设计可以让该区域显得相对高挑。空间中采用了一面有造型的镜子作为装饰,镜后的背光效果很好地增加了装饰效果。

灵感5○ ▶ **388**

卫生间储物格的灯光设计

卫生间的隐藏式直线型灯带为储物格提供了照明,镜柜下的隐藏式灯带设计,照亮了洗手盆及卫生间下部空间,便于打扫卫生。简单的光线塑造出一个美观并极具个性的卫浴空间。

灵感5💡 ▸ **389**

面性光源洗亮墙面造型花纹

进入浴室，首先映入眼帘的是中间拼花图案的墙面瓷砖。设计师利用 led 灯带进行四周的轮廓勾勒，在视觉上营造了空间层次。灯光也在无形中提亮了墙面的造型图案，成为本空间的视觉中心。

灵感5💡 ▸ **390**

隐藏式镜后灯

隐藏的灯光透过镜面与墙面间的缝隙洒向洗漱台面，从而让洗漱区域处于一片明亮中。同时光线也表现出墙面斑驳粗糙的质感。用灯光和空间的材质结合在一起，活化了空间的气氛，打造出简单利落的中式卫浴空间。

灵感500 ▸ 391

小灯珠营造厨房气氛

本案是带有北欧风格的空间设计，采用了工业感很浓的深灰色调，操作台的照明采用了串联式小电珠，给空间增添了节日的气氛。在功能上细心地考虑到了操作台的重点照明，很好地将装饰效果与功能效用结合在一起。

灵感500 ▸ 392

玻璃和灯带的结合

本案的厨房空间选择了稳重的深色作为橱柜的整体颜色，在灯光颜色的选择上，设计者采用了色温很高的 4000k 冷光作为操作区域的重点照明。吊柜和地柜中间的区域通过灯带辅助照明，使得在操作时更为便利。

灵感5🔗 ▸ **393**

采用顶光设计的均匀照度的空间

乡村风格的厨房空间设计，平整有序的橱柜以及墙砖自然柔和的色彩为空间带来了雅致、大方的气质。设计师采用集成嵌入式灯具，使空间接受到均匀的照度。同时很好地和天花板融为了一体。

灵感5🔗 ▸ **394**

欧式浴室空间

为了和空间硬装效果协调一致，设计师选择了一款圆形水晶灯。高反光的镜面材质加上水晶灯的折射效果，让空间充满奢华贵气之感，并且和空间里的硬装很好地结合到了一起，完美地提升了空间的品质感。

灵感5◯ ▸ **395**

浴室空间中的装饰吊灯

如果浴室的空间足够大，层高也够，可以考虑具有艺术性的照明灯具，让它和空间中金属质感的物品在形式上进行统一，呈现出金属高反光的华丽视觉效果，为空间气氛和风格的营造提供帮助。

灵感5◯ ▸ **396**

主要以线性灯光为照明的案例

通体大面积梳妆镜增加了空间的上升感，梳妆镜的四周增加了灯带，背光的设计有助于使用者梳妆。浴室柜下方的灯带，减轻了浴室柜的体积，并且有悬浮在空中的感觉，同时照亮了空间死角。顶面四周的灯带和大面积的梳妆镜，都能在视觉上提升空间的层高。

灵感5💡 ▸ **397**

北欧风情的卫生间

设计师在局部进行花片砖的点缀，增加了空间的文艺清新感。灯具上选择了一款工业感极强的黄色壁灯，黄色和蓝色形成对比，同时点缀空间。顶面的三盏嵌入式筒灯以均匀的光线，满足了卫生间的照明需求。

灵感5💡 ▸ **398**

灯光打造装饰风格

卫生间整体采用了灰冷色的色调，灰黑色和白色形成强烈对比，非常有视觉冲击力。设计师选用了钨丝灯作为空间装饰，钨丝灯的色温为2800k，发出暖黄色的光源，从而使整个空间充满暖意。

灵感5 ▸ **399**

多层次的卫生间照明

本案是浅咖色的卫浴空间，镜前灯和墙面材质的颜色属于同一个色系，只是有深浅的变化，营造出一个商务气息及现代感浓烈的卫浴环境。在墙面一圈的隐藏式灯带，增加了空间的开阔性，使得小空间在视觉及心理上产生了放大的效果。

灵感5 ▸ **400**

灯光增加视觉延展性

如果浴室空间不大，可以尝试在视觉上增加空间的延展性。比如可以在里面进行隐藏式灯带的设计，勾勒出天花板的边缘，从而达到延展空间面积的作用。浴室柜的悬浮设计减轻了家具在空间中的体量感，加之灯光配合呈现出干净、简洁的视觉效果。

灵感5⦾ ▸ **401**

欧式乡村厨房吊灯设计

乡村风格开放式厨房的设计案例，在灯具上，设计师不但选择了营造气氛的吊灯，其他工作区域的照明也运用了同样造型的灯具，完美地呼应了空间的主题风格，满足了厨房的照明需求，同时起到了装饰空间的作用。

灵感5⦾ ▸ **402**

现代开放式厨房空间

壁柜下面进行暗藏式灯带的设计，便于日常操作。其他区域采用了嵌入式筒灯照明，满足了空间的均匀照度。吧台上面的吊灯有助于营造空间的浪漫气氛，并且有着划分空间的作用。在这个不大的空间中选择了三种照明手法，完美地满足了开放式厨房的照明及装饰需求。

灵感5⃝ ▸ **403**

简洁大方的厨房设计

灰白色彩搭配的欧式风格厨房空间，整面柜子采用了白色的材质，地面采用粗糙的灰色瓷砖，白与黑、细腻与粗糙形成了强烈的对比。蓝色在中间起到了点缀以及活跃气氛的作用，吊柜采用了暗藏式灯带的设计，照亮了工作区域。柜底的灯带设计具有放大空间以及利于清洁打扫的作用。

灵感5⃝ ▸ **404**

提升空间气场的大型吊灯

设计师在开放式的厨房空间中选择了一款大型装饰灯具，由于层高较高，灯具并没有给空间带来局促感。装饰性灯具的使用除了满足空间的照明及装饰，同时有限定区域的作用。由于灯具的造型别致，因此成为空间中的装饰亮点。

灵感5 ▸ **405**

采用隐藏光源的欧式厨房

根据空间的布局结构，设计师采用了边顶内藏灯带的设计，提升了空间的高度，同时是空间当中的主要照明。吊柜下面的暗藏式灯带，满足了工作区域的照明。宽敞的窗户则为空间提供了很好的自然光线。

灵感5 ▸ **406**

灯具的选择定位了空间风格

白色条形瓷砖是打造北欧风情卫生间的首选，为和风格统一，选用一款带有工业风机械零件质感的钨丝镜前灯，进行了空间风格的打造。墙面顶面的粉色花片为空间增加了可爱温馨的气氛。

灵感5 ▸ **407**

岁月静好

在白色且透着浪漫气息的沐浴空间里，选择了一款水晶为主要材质、金色链条为框架的灯具。金色的点缀在空间中极为抢眼，整体卫浴空间显得浪漫而美好，岁月静好，我心安然。

灵感5 ▸ **408**

白色浪漫

可以看出本案例并不是一般家居的浴室空间，所以在灯具的选择上，一定要考虑和空间的比例和空间风格的艺术性。设计师选择了一款玻璃质感的球形吊灯，和空间中的整体白色色调形成了对比的美感。墙面的菱形分割装饰条，在一定程度上和吊灯的造型形成呼应，让造型别致的吊灯在空间里不再孤单。

灵感5⟳ ▸ **409**

深蓝海洋

本案浴室深蓝色海洋主题的墙面，搭配同样是深色的浴室帘和卷帘窗帘，让整体空间显得静谧而典雅。在灯具上以符合空间主题作为选择的切入点，有助于打造出一个充满创意的空间环境。

灵感5⟳ ▸ **410**

马赛克的异域风情

本案的空间能让人想起克林姆特的金属装饰画，设计师提取了画中的金属和颜色运用到墙壁的马赛克上，仿旧的材质搭配和金属质感的马赛克碰撞在一起，流露出极为浓烈的装饰效果。在装饰元素已经很丰富的空间里，可以选择简单造型的灯具，以突显出空间的装饰意味。

灵感 5○ ▸ **411**

狭长空间的照明设计

本案主要以灯带间接光作为空间的
主要照明，设计师考虑到空间的狭
长格局，选择了线性照明作为空间
的主照明，还带来了放大空间的效
果，使整个空间显得干净利落，并
呈现出极强的现代感。

灵感5💡 ▸ **412**

空间的硬装形式和灯具协调呼应

整个空间以浅灰调色系为主。因受到空间的限制，黑白色块的马赛克应用面积较小，但极富装饰效果。在壁灯的选择上也需要考虑空间的位置大小，在小空间里宜选择小巧型的灯具为宜。

灵感5💡 ▸ **413**

带有科技感的卫生间

悬挂的浴室柜以及粗糙却又有一定光洁度的洗手盆，给空间带来不一样的美感。同样是卫浴空间，设计师却在墙面上选择了不规则形状，并且有前后凹凸的饰面作为整个墙体的装饰，极富炫酷感的同时，明暗不一的光影也给人带来了一种未来科技感。

灵感5○ ▸ **414**

复古工业风的卫浴空间

带有工业风的卫浴空间，设计师做了上下空间材质的变化。上墙粗糙的颗粒感与下墙裙光洁的瓷砖形成了对比，增加了空间的层次。整个浴室空间的金属挂件和五金制品，还有灯具都进行了工业风格粗糙感的设计，形式上的统一提升了空间在视觉感官上的完整性。

灵感5○ ▸ **415**

无微不至的灯光设计

整个卫浴空间的灯光层次感分明，并且考虑周到设计得无微不至。洗手盆下方置物架的暗藏灯光设计打亮了下部背光的区域，在视觉上产生了增大空间的效果。镜柜下方的嵌入式筒灯将零零散散的洗漱用品显现得一清二楚。马桶上方的重点照明提升了空间亮度。棚顶靠墙一侧的灯带切光以及浴盆上方筒灯的设置，以最柔和的方式打亮了整个空间。

灵感5⊙ ▸ **416**

粗矿的北非地中海

在浴室空间中选择毛石材质作为墙面的装饰，给人带来了北非地中海风格的视感。空间里简约的壁灯营造出了一种舒适昏暗的气氛，并且满足了洗漱区域的功能性照明。粗犷的岩石墙壁加上昏暗的灯光，营造出别样的风情。

灵感5⊙ ▸ **417**

多功能厨房的灯光设计

一应俱全的现代化厨房设计，采用亮面和哑光面的材质穿插，突显了现代时尚质感。在多功能吧台上采用了装饰灯进行气氛的点缀。吊柜下面的嵌入式射灯，满足了操作台的照度要求。顶部轨道式射灯，在达到厨房照明需求的同时，还给空间带来了灵活机动的设计美感。

418

灵感5○ ▸ **418**

有情调的美式小空间

本空间巧妙地利用了灯光，烘托出小区域的空间气氛，符合空间风格场景的上照式壁灯，利用灯光的反射让局部灯光均匀地洒向空间，以温婉的照明方式，营造出一个舒适的空间环境。

419

灵感5○ ▸ **419**

云朵状皮纸吊灯

带有卧室功能的浴室空间，展现出前卫的设计感。由于本案空间层高的优势，选择了一款体积较大、装饰感强的吊灯作为空间的照明。羊皮纸做的云朵吊灯挂在浴缸上方，瞬间成为极富标志性的装饰。空间里还采用了轨道式射灯来作为其他区域的基本照明，衬托出独具一格的灯饰设计。

灵感5💡 ‣ **420**

多层次的灯光设计尽显华丽气氛

很多空间都会进行马桶后背光灯带的设计。黄色的光晕加上金属马赛克，成为了这个空间的一大装饰亮点。浴室柜下方的灯带设计，便于保洁时打扫。嵌入式镜前灯的设计照亮了整个洗漱区域。根据空间高度设计的内藏式灯带，提升了空间高度和层次感。

灵感5💡 ‣ **421**

复古气息咖红色美式乡村

饱含美式乡村气息的卫浴空间，搭配了黑色铁艺加玻璃灯罩的灯具，由于美式空间颜色偏沉重，搭配这类灯具所散发出的温润光感，更能营造出美式风格怀旧的情调。

灵感5⃝ ▸ **422**

深色厚重的浴室空间

整个空间在灯具以及五金的选择上进行了形式和元素上的统一。空间的色调以深沉的浅咖色为主，加上金色的五金和灯饰，配上圆形的梳妆镜，以简单的搭配，在空间里呈现出独有的厚重气质。

灵感5⃝ ▸ **423**

浴室空间的装饰性灯具

如果浴室空间足够高，可以选择吊灯作为空间主照明，在达到照明作用的同时，还具有很好的装饰效果，从而提升了空间的品质。灯具在颜色上结合了空间里大面积的木纹墙面，其金属的色泽成为了空间中的一抹亮色，不仅个性而且富有气质。

灵感5💡 ▸ **424**

简洁美学

在本案的浴室空间里，所有元素和材质运用的都非常简洁，表达出简洁的空间意境。浴室墙面的暗藏式灯带以及钢管状的吊灯，在空间中呈现出利落的设计美感。

灵感5💡 ▸ **425**

细节体现科技感

空间品质感的提升很多时候都体现在细节上，从洗手盆的选择可以看出本案是一个科技感很强的主题性空间。空间里的很多物体都采用流线型元素，让人联想到水的自然流动，其美妙的寓意不言而喻。

灵感5⃝〇 ▸ **426**

弧形在空间之中增加流动性

本案的卫浴空间设计选择了很多弧形元素，灵活而富有新意。在这样的空间里，灯光也需要符合硬装的基础条件，因此设计师在顶棚弧形的造型中，嵌入了内藏式灯带，勾勒出硬装造型。镜前的吊灯选择，犹如一滴水珠悬挂在空中，寓意深刻，成为了空间的点睛之笔。

灵感5⃝〇 ▸ **427**

和空间融为一体的灯具设计

黑白色搭配在洗浴空间的设计中很常见，本案空间也是如此。在照明灯具上，运用了明装隐藏式的设计思路，在外形上选择方形元素，隐藏在黑色的空间中，见光不见灯，简约而富有设计感。浴室柜下方的地脚灯设计也起到了照亮地面以及方便清洁打扫的作用。

灵感5🔆 ▸ **428**

镜前吊灯设计

将两盏造型简洁的吊灯悬挂于镜面前方，并保持较近的距离，便于镜前人进行梳妆，由此可以看出设计师为风格上的统一进行了精心设计。吊灯、镜框、水龙头在造型及线条上都保持了一致的风格，使得空间呈现出舒适而自然的氛围。

灵感5○ ▸ **429**

活泼有趣味的灯具搭配

本案的厨房空间采光充足，在灯具的选择上进行了不同形式的搭配。多灯头不同形状和颜色的吊灯组合，增加了空间的层次感以及趣味性。

灵感5○ ▸ **430**

卫生间的空间主题表达

设计师在卫浴空间中，利用软装元素进行场景式设计。镜前灯和浴缸上方的灯泡简约大方，营造出别样的空间氛围。天花板上的嵌入式筒灯是整个空间的主要照明，精巧简约的灯具在空间里营造出一个简约静谧的氛围。

05 餐饮空间灯饰搭配与照明设计

灯饰搭配与照明设计是营造餐饮气氛的最好手段。首先选择灯饰时应配合餐厅中的其他配饰，共同打造出具有特色的餐饮空间。其次可以在光色上进行合理的设计，营造就餐氛围。

照明光源本身在色温上就有高低不同的差异，可以通过自身不同色温差异营造不同的就餐氛围。比如对于酒吧这样的餐饮环境，可以利用蓝色光源来营造迷幻之感。对中餐厅这样的餐饮环境，则可以利用淡黄色光源来营造家的温馨感。

照明造成的明暗效果也可以营造就餐氛围。比如在华丽庄重的宴会餐厅设置明亮的照明可以渲染出热烈大气的就餐氛围；在酒吧或者以昏暗效果为主色的主题餐厅中设置较低亮度的照明，可以营造出朦胧迷幻的氛围；在快餐厅中设置适中亮度的照明可以呈现出明亮简约的餐厅特征。

※ 镜前灯是卫浴间必不可少的照明灯饰

※ 利用灯带简洁照明的方式增加餐饮空间的温馨感

※ 蓝色光源与红色餐饮空间环境的对比营造出迷幻的感觉

※ 餐饮空间顶部的灯饰本身也是室内装饰的一部分

灵感5 ▸ **431**

木色早晨

本案空间以大面积的木饰面为主，搭配橙色和黄色的餐椅和卡座，对比强烈。顶面采用大量的黑色栅格进行装饰遮挡。空间里大面积地使用金属玻璃泡泡灯，在带来装饰效果的同时起到基本的照明作用。空间整体以木色为基调，金色的收边提升了空间的气质。

灵感5 ▸ **432**

生的力量

墙面的树状造型带来极大的视觉震撼，从立面一直延展到天花板，把顶面和立面在视觉上有机地贯穿到了一起。树状造型的背光处理，发出了均匀温润的灯光，既装饰了空间，又为用餐带来基本的照明。

灵感5 ▶ **433**

灯光舒适的用餐环境

本案是一个以木质墙面搭配灰色地面的餐饮空间。桌椅黄黑穿插的搭配，给空间增加了跳跃的色彩。每张餐桌上空都有白色吊灯作为餐桌的直接照明。墙面所有陈列物品在其隔板下都设置了内藏灯带，在照亮陈列品的同时，还反映出墙面的材质。每个餐柜的上方都有轨射灯，起到重点照明的作用。

灵感5 ▶ **434**

钢铁时代

咖啡加书，浓香四溢，裸露的原始水泥结构带来了不加修饰的粗糙美感。黑色扁钢成为空间的主要结构，并且是空间中的装饰亮点。榆木材质的粗糙纹路，加上空间大量运用的玻璃水晶吊灯，烘托出工业感十足的空间氛围，空间里的每一级台阶组成都有光的指引，极为细心。

435

灵感5○ ▸ **435**

青青河边草

本案空间在顶面大面积地采用了柚木色的木格扇作为装饰，立面空间也延续顶面的元素，作为分割空间的屏风，产生半通透的感觉。空间还大量采用了绿色植物墙作为装饰，把自然引入到就餐环境中。整个空间弥漫着自然的气息，餐桌上的灯具也有意选择了枝形树状吊灯，糅合整体空间的装饰手法。

436

灵感5○ ▸ **436**

绿色自然

红绿蓝三色搭配的座椅为空间带来了跳跃的色彩，打破了餐厅空间的暗色调。以木格栅分隔空间增加了视野的开阔度。木格栅上的铁艺装饰和空间中大面积绿植墙自然地结合在了一起。餐桌上枝形吊灯的使用，呼应空间绿色自然的主题。

灵感5○ ▸ **437**

昏暗的用餐空间

西餐厅的环境一般不会特别明亮，在本案空间里以大面积的原木作为装饰，配以黑色铆钉皮质座椅，使空间显得幽暗浪漫。在这样的空间里配以射灯进行重点照明，营造出雅致恬静的用餐空间。

灵感5○ ▸ **438**

青涩时代

本案的就餐环境给人清新简单的感觉。大面积裸露的原始结构管道，只做涂料的处理，带来了工业风的美感。空间中悬挂的吊灯，选择了白色和绿色相间的颜色，有机地融合空间里的色调，并且以大小不一、形状不同的造型，让空间显得生动活泼，富有趣味。

灵感5✺ ▸ **439**

灵感5✺ ▸ **440**

归本主义

玻璃、扁钢、水泥、老榆木、绿植，空间中的元素极为丰富。延续到三层的绿植流水瀑布，把自然环境引入到室内中，给空间增加了灵性，并且成为空间中的视觉亮点。挑空的多个水晶灯，起到点缀空间气氛的作用。分散在空间里的下罩式吊灯是本案空间的主要照明来源。

谁动了我的奶酪

本案空间多孔窗户的设计极富创意。内藏发光条把每个孔洞都照亮，像是发光的奶酪，增加了空间的戏剧性。空间色彩以灰色调为主，清新淡雅。选择黑色的铁艺灯具作为重色的点缀，清新而简约，并且满足了基本的照明需求。

灵感 5 · **441**

方格空间

进入到本案的餐厅中，顶面装饰的厚重感扑面而来，以木板搭成的方格造型，蔓延到空间里的所有顶面，成为本案最为强烈的代表装饰。考虑到空间的高度，如果进行装饰性照明，会影响到就餐区域的整洁感，因此设计师采用了 T 型的灯管照明，黄色的光晕照亮了顶面空间，并且和空间里的材质颜色搭配恰当，增加了就餐环境的舒适度。

灵感 5 · **442**

童年记忆

本案空间是一个具有复古韵味的餐饮环境。餐椅选择粉绿色的皮面材质，极具典雅风情。淡粉色的餐桌布，在空间中格外抢眼。上墙砖采用护墙板的形式与厚重的地板颜色相呼应。本案空间以形式上的复古，颜色上的跳跃，并配以纷繁的铁艺灯泡吊灯，仿佛回到了儿时的游乐场。

灵感5🔆 ► **443**

浪漫光晕

本案的用餐环境多以暖色灯光为主，营造出舒适私密的空间效果，便于用餐时的交流。空间中的大型铁艺灯饰通过镂空的铁皮露出点点光晕，直接照亮了就餐区域，墙面的壁灯起到装饰的作用。结构柱的下照射灯很好地提亮了空间结构，营造出灯光的层次效果。

灵感5🔆 ► **444**

枫林起舞

本案是一个非常有工业风的餐饮空间，顶面的木饰面和餐椅餐桌都是木色，空间当中的金属结构框架以及地面则为黑色，木色和黑色穿插增加了空间的层次。在照明上以轨道射灯为主，以灵活的灯具走位，方便了灯位的调整。

445

灵感5○ ▸ **445**

光的有序排列

在本案空间墙面的装饰中，夹杂着光源的透出，以不规则的排位成为墙面的装饰光源。顶面的轨道射灯有效地把光源控制在了餐桌区域，而且轨道射灯便于灯位的调整以及方向的掌控，灵活性极高。

446

灵感5○ ▸ **446**

青花瓷

以青砖和蓝瓷为主的硬装空间，给人清新靓丽的感觉。点缀黑色的铁艺置物架，黑蓝交融的美是本案空间的主要基调。墙面的青花瓷盘和空间中的颜色融合在一起，升华了主题。空间中的主灯和壁灯在形式上起到了装饰的作用。

灵感5○ ▸ **447**

甜品店

本案空间以大面积白色为主，点缀鲜艳的橙色，非常有视觉冲击力。设计师别出心裁地利用木制格子作为灯罩悬于空中，不同的可爱色彩，加之灯光的搭配，极具装饰效果。

灵感5○ ▸ **448**

蓝色早晨

角落一旁的蓝色桌椅搭配青砖和几何纹路的蓝色瓷砖，再以蓝色铁艺吊灯作点缀，营造出一个以蓝色为主的用餐环境，加上晨光的洒入，惬意无比。

灵感5⃝ ▸ **449**

绿与黑的碰撞

在大面积的卡座和方桌运用墨绿色，成为本案空间的主要色彩基调，黑色的单椅则是空间里的点缀色。地面和顶面大量地采用了护墙板，顶面的黑色射灯根据不同的功能需求，分别打亮不同的区域，合理地把光控制在特定的范围内。

灵感5⃝ ▸ **450**

黑色绅士

本案空间是古建筑改造的餐饮空间，保留了原始结构的红砖墙。空间中大量地运用了黑色扁铁和花白大理石，并且以木质的地板和餐椅作为搭配，让冰冷的空间有了一丝木质的温润。顶面分散的吊灯根据餐桌不同的位置，照亮了用餐区域。窗边一侧的暗藏式灯带提亮了立面的结构，营造出有层次的灯光气氛。

灵感5♡ ▸ **451**

蓝色海洋

进入到这个空间时，仿佛徜徉在海水间。空间中复古的蓝色造型加白色纹样，让人叹为观止。顶面多处垂吊的金色锥形吊灯，让空间奢华无比，贵气十足。再配以蓝白相间的家具，极具宫廷味。

灵感5♡ ▸ **452**

蒲公英在飞

本案是酒店内的餐厅空间，因为层高的原因，采用了多个球形花妆吊灯，并以不规则的形式排列，犹如风中飘扬的蒲公英，成为空间中营造气氛的亮点，甚是美丽。顶面的嵌入式筒灯在不同的位置打亮了餐桌，为就餐提供了照明。

灵感5️⃣0️⃣ ▸ **453**

金属时代

空间以灰色调为主，所有的金属铁艺都选择了不锈钢色。在空间的基础照明上，选择了偏白的灯光，让室内通亮无死角。顶面裸露的原始结构增加了空间的层高，裸露部分选择深色作为配色，让人忽略了顶面管线的杂乱无章。

灵感5️⃣0️⃣ ▸ **454**

绿荫环绕借景自然

空间中两边都可以上人的铁质楼梯设计，非常出彩，楼梯采用钢板印花的镂空铁皮，有一定的透光效果。绿色大型植物的引入，把空间营造得像室外中庭，让人身在室内也能感受到自然舒适的气息。灯具零星地点缀在绿植中间，成为楼梯挑空处的一大景观。空间中暗藏灯带的运用，反映了墙面的造型，点状球形壁灯则增添了空间的戏剧性。

455

灵感5·0 ▸ **455**

盛宴

本案空间由于考虑到层高问题，因此在灯具上并没有选择体量感很大的吊灯，而是选择了圆环状的照明装置悬于顶上。并且在局部运用了射灯进行补光，灯光控制在就餐的区域，在空间里营造出了幽暗浪漫的氛围。

456

灵感5·0 ▸ **456**

夜宴

本案的整体空间色调沉重，墙面采用大面积的黑色大理石作为装饰。红色的窗帘和黑色的大理石，形成强烈的色彩对比。灯光从顶面的木格装饰照射下来，控制在餐桌的范围内，只照亮了用餐区域，为空间营造出神秘的氛围，一侧的灯光重点照亮了墙边的绿植，使整个空间显得绿意盎然。

457

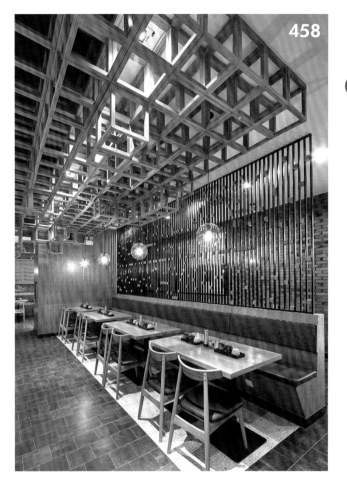

458

灵感5○ ▸ **457**

蓝调酒吧

空间的顶面采用粗糙的陶瓷挂板装饰，墙面则采用平整的漆面处理。吧台的凹凸三角形装饰加上配光，散发着浪漫的蓝调。简单可爱的铁艺吊灯，北欧风味十足。顶面可调角度的射灯，打亮了黑板酒单。黑板后的暗藏灯带打亮了琳琅满目的酒水。

灵感5○ ▸ **458**

木色空间

空间中顶面镂空造型的木结构非常有体量感，在就餐区域顶面空隙装入射灯，打亮房顶的木质结构造型，在提供照明的同时，也凸显了顶面的造型。光和影的投射，为空间增添了层次感。

灵感5 ▸ **459**

粗框中的细节

空间中典雅而精致的石膏造型，与墙面粗糙的纹理做法形成对比。
白色的圆形灯具干净、简单，于粗犷中带有细节上的考量，再搭
配深色的铁艺家具和卡座，让整个空间显得干净舒适。

灵感5 ▸ **460**

黄色泡沫之夏

整个空间暖意盎然，黄色的皮质铆钉卡座，搭配手工吹制的黄色
玻璃吊灯，整个空间弥漫着暖意。顶面鱼骨造型的拼木板，呼应
了整个空间的色调，再配以绿色植物，给人带来夏日的热烈气氛。

灵感5〇 ▸ **461**

黑色钻石空间

本案空间大面积地使用黑色软包材质，一侧2700k色温的暗藏灯带，提亮了软装墙面，并且营造出昏暗的灯光效果。空间中不同形状的钻石灰色灯具，有效地控制了光晕大小，直接照亮餐桌，避免炫光对人眼产生的不利影响。

灵感5〇 ▸ **462**

厂房改建的餐饮空间

顶面裸露原始结构及管道，营造出粗糙的工业风。不加修饰的水泥饰面和红砖墙，增加了空间的粗犷美感。在这样的空间里，用壁灯的设置，反映了墙面的水泥粗糙纹路。轨道灯的设置则方便了后期灯位的改变。铁艺泡泡灯不仅可以作为空间的装饰元素，也起到了照明的效果。

灵感5🔅 ▸ **463**

黑白色彩的穿插组合

顶面的栅格搭配黑色工业风的玻璃钨丝灯整齐排列。木头和铁艺搭配的餐椅与地面三角形的瓷砖在色彩上控制在两种颜色内，达到统一协调的效果。不同的材质、位置以黑白穿插组合，呈现出空间的基本色调。

灵感5🔅 ▸ **464**

中式情调

空间中的落地窗视野良好，采用落地卷帘作为阳光的遮挡，既实用又描绘出中式禅意的味道。顶面空间采用人字型木质结构，又以暗藏式灯带提亮了结构。餐桌上点状吊灯简单大方，和空间结构完美融合。

灵感 5️⃣0️⃣ ▸ **465**

光色需要控制

一般在餐饮空间里不会有大型装饰灯的存在。本案空间主要采用了射灯照明，灯具根据瓦数和照射范围而选择，灯光很好地控制在了餐桌的范围内，不会有多余的眩光影响到用餐的顾客。墙面的陈列和造型，采用面光源洗墙的手法，体现造型的同时，光影的交错也活化了空间氛围。

灵感 5️⃣0️⃣ ▸ **466**

欢乐海洋

这个蓝绿色的空间让人眼花缭乱。顶面纹样、立面家具、地面方格拼花充斥着深浅不一的蓝色，给人拥挤而强烈的感觉。顶面白色的玻璃吊灯在蓝色空间中，被映衬得格外显眼。

灵感5💡 ▸ **467**

红色旗帆

船帆做成的发光灯饰是本案空间的视觉焦点，装点了局部空间的气氛。陈列架背后发光，体现出整体绿色的氛围。灯光红绿的对比，再加上蜡烛灯的渲染，使整个空间显得幽暗而神秘。

灵感5💡 ▸ **468**

绿植环绕，清新自然

空间中采用了 L 形的卡座进行组合，提高了空间的利用率。仿水泥裸露结构柱体成为空间中的一大特色。大量绿植的环绕，把室外的景色引入到室内，贯穿了整个空间。在这样的空间里选用简洁并富有创意的吊灯，吊灯的光源合理地控制在了餐桌之上，再加以射灯点缀进行补光，整个空间显得静谧而浪漫。

灵感5○ ▸ **469**

航海时代

本案是一个有着冒险氛围的酒吧空间。大量的软装饰品，营造出一个饱含航海气氛的神秘空间。皮质、毛皮等具有复古气息的材质，增加了空间的老旧时代感。皮箱上放着的蜡烛灯把整个空间的气氛烘托得神秘而浪漫。

06 售楼处空间灯饰搭配与照明设计

售楼处的灯光设计对于整体氛围的营造起到了至关重要的作用，从照明方式、灯具种类、光线强弱与光的颜色等均会明显地影响售楼处室内空间的视觉感受。只有搭配使用，整体整合的设计方案才会既能创造出合适的灯光氛围，又能做到节能环保。

售楼处灯光设计要与整体色彩搭配。通常售楼处的总体效果要求通透、明亮、整洁，那么灯光色彩的选择也应与整体色调保持一致，不宜使用过多色彩。展示区的灯光应大气，灯位需要充足，建议采用多种灯饰相结合来装饰，让人感觉明亮不压抑，给购房者提供一个体验生活的场景。此外，还可以适当增加装饰型灯具，提升售楼中心设计的档次和格调，在材质选择和造型细节上要充分考虑整体环境和主题的协调一致，形成画龙点睛、让人眼前一亮的效果。

※ 铜灯在美式风格主题的售楼处更富表现力

※ 主灯与壁灯结合的售楼处洽谈区

※ 利用艺术灯饰表现摩登时尚和现代简约的气质

※ 蓝色与黄色两组光源形成引人注目的对比效果

灵感5○ ▸ **470**

贵气的黄紫色调

源自灯笼元素的大型灯具，内嵌华丽的水晶灯，在空间中形成很大的体量感。金色条状的灯楼，外形很好地结合了天花板的线型元素。接待台的线型灯带非常好地体现了材质的透光性，给人通透深邃的感觉。接待台后的装饰墙，沿用了线性照明的手法，并且辅以射灯，很好地提供了大堂空间的均匀照明。

灵感5○ ▸ **471**

富贵花开，岭南林语

顶面钢丝夹加线型缠绕的白色大型照明装饰，华丽无比。天花顶面采用玻璃镜面的反光材质，加上嵌入式筒灯的点缀，使地面产生了波光粼粼的光影效果，在灯光的映衬下显得格外梦幻。花的元素同样体现在地面的拼花材质上，白色的富贵花遍地开满，寓意深刻。

灵感5〇 ▸ **472**

售楼处沙盘照明

在本案中采用了满天星的点状吊灯装饰在沙盘上空，点点璀璨浪漫至极。天花上的射灯保证了整个空间的均匀亮度，圆形沙盘顶部的灯带设计，在视觉上减轻了整体空间的笨重感。天花两边的窄角度射灯，很好地凸显了墙面的质感。

灵感5〇 ▸ **473**

完美的线性照明设计

本案空间以线性照明为主，提亮了装饰面。每一个沙发围合的等候区都以大型主灯作为装饰。顶面的暗藏式灯带设计，均匀地照亮了空间。筒灯作为局部空间的光源点缀，和线性灯光一起满足了大堂区域的照明需求。窗边一侧的吊灯显得整齐大气，在为边侧区域提供照明的同时，也成为了空间里的装饰元素。

灵感5 ▸ **474**

空间中天光的运用

沙盘是售楼处极为重要的区域，一般都会配以大型灯具制造视觉焦点，用以吸引顾客购房。本案中设计师还考虑了天光引入，面积虽不大，但却制造出极为接近自然光的光线。空间中的蓝色珠串大型玻璃灯饰，烘托出空间的华丽。还在周围的中式纹样栅格画上进行线性灯带的设计，突出墙壁图案。下端的内藏灯带则减缓了大体积带来的沉重感。

灵感5 ▸ **475**

繁星璀璨

本案中大量地采用了线性光源作为空间中的主照明。犹如丛林中鸟儿自由飞翔的灯饰设计，加上光影的变幻，映衬在天花板上，光怪陆离引人无限遐想。灯具所呈现出来的品质和空间里大量运用的石材遥相呼应。

灵感5⃝ ▸ **476**

秋色

进入到这个空间中，首先会被顶面别致的造型灯具所吸引，让人想起雨伞的框架和秋天要收割的麦穗。灯具的材质接近自然，通过灯光的照射，又不失华丽感。垂于每一组会客空间上，利用灯具的定位，很好地对空间进行了区域划分。顶面天花的嵌入式筒灯为空间带来了局部重点照明。

灵感5⃝ ▸ **477**

一片星光璀璨

设计师选用密集的灯泡吊灯，组合出一个繁星璀璨的顶面空间，并且为沙盘的上方营造了星星点点的灯光景致，既满足大面积空间的照明需求，又很好地成为了顶面的装饰。顶面两侧的暗藏式灯带设计，有效地提升了空间，并增加视觉的开阔度。边顶两侧的嵌入式筒灯，增加过道的灯光照明。在两侧的壁柜上增加了两款射灯进行重点照明，凸显了陶瓷的质感。

灵感5◯ ▸ **478**

黄金时代

本案空间到处都是金光灿灿，熠熠
生辉的感觉。单椅沙发选用天鹅绒
的质感，表现出雍容华贵的气质。
空间中不容忽视的要数灯具的装
饰，金光灿灿的黄色水晶玻璃灯，
从左到右流线式地围绕着大堂，妆
点了整个空间。沙盘上的多层金色
水晶吊灯配合灯光的照射，华丽无
比。顶面筒灯的点缀，增加了空间
的灯光层次。

灵感5○ ▸ **479**

线性灯的结构作用

在方形的沙盘正上方，选择一组同样是方形元素的水晶吊灯对上部空间进行装饰。周围一圈采用内藏式灯带，让整个水晶灯嵌入到天花板中。外圈增加了嵌入式灯带，以双层递进的形式增加了天花板的高度，也映衬了水晶吊灯的璀璨光芒。一侧的筒灯照亮了墙面的大理石材质。墙面的内嵌式地域装饰图，在背后进行暗藏灯带的设计，在打亮结构的同时，也成为空间里的视觉焦点。

灵感5○ ▸ **480**

空中漂浮的金银花

空间中多处应用的金色收边条，带来了奢华贵气的感觉。在中间沙盘上方选择了黄色和白色的水晶吊灯进行颜色穿插，让人想起了金银花的形状。顶面星星点点的筒灯打在空中的水晶上，发出晶莹剔透的视觉效果，提升了整个空间的品质感。

灵感5♀ ▸ **481**

浪花飞舞

空间中的大型水晶灯，从三层如同瀑布一般直泻下来，溅起了朵朵水花，成为整个大堂空间一道靓丽的风景线。周围大理石材质的运用，呈现出华丽气质。空间中弧形元素运用得当，和整体空间的围合感形成相互依存的关系。

灵感5♀ ▸ **482**

鱼行天下

空间中有大量深色的存在，结合豆绿色的布艺营造出一个既有层次又有中式感的沉稳空间。在两座大型沙盘的上方悬挂着无数柳叶形的漂浮装饰，如同水中的鱼自在徜徉。金色的质感加上顶面水波纹的材质，经过灯光的点缀，形成了光影交错的奢华氛围。

灵感5○ ▸ **483**

咖色空间

本案整个空间运用了浅咖色，加上少量的金箔点缀，提升了空间的气质。家具采用整体白色并加以黑色作为边框，增加了色彩的层次。设计师为营造华丽的气氛，设计了一排水晶吊灯，利用水晶的璀璨增加空间的奢华。筒灯是空间里的辅助性照明，打亮了周围立面的区域，并且很好地展现了石材的品质感。

灵感5○ ▸ **484**

绿色未来

本案空间以白色调为主，采用了流线的手法对空间进行设计。几处圆形绿色地毯给空间增添了生机。在顶面层层叠叠的圆形设计中增加内藏灯带，提升了空间的递进感。嵌入式的筒灯保证了空间的均匀照度，并且打造出未来科技感十足的空间。

灵感5○ ▸ **485**

空中流云

恢弘的售楼空间，设计师采用了筒灯作为本案大空间的主要照明。垂吊式玻璃质感的饰品，重复高低错落的垂挂，带来了行云流水的感觉。曼妙的垂挂装饰也和硬装材质的华丽结合到一起，加以灯光的照射，整个空间显得大气恢弘。

灵感5○ ▸ **486**

蝴蝶起舞

本案在镂空的柱子内部设计了内藏式灯带，灯光亮起印出柱子上翩翩起舞的蝴蝶，浪漫而富有新意。顶面天花也秉承了蝴蝶飞舞的印象，以内嵌式灯带勾勒结构，并作为空间的主要照明，在视觉上提升了空间的高度。

灵感5⃝ ▸ **487**

镜子的神秘功能

蓝色窗帘给沉闷的空间增加了亮色。顶面采用镜面设计，提高了空间的视野开阔度。中间嵌入式筒灯照亮了茶几。一侧的筒灯则反映出屏风的金属质感。沙发两侧的台灯造型简单，并以对称式摆放，平衡了空间的视觉。一侧的金属落地灯，营造出小面积空间的温馨气氛。

灵感5⃝ ▸ **488**

峰峦叠起

本案空间中，首先映入眼帘的是如同山峦叠起状的大型装饰吊灯，灯具上方以银色反光材质为主，点缀了密密麻麻的筒灯直照山峦，增加了空间的整体仪式感。中式元素的提炼和运用，增添了整个空间的中式韵味。

灵感5 ▸ **489**

思想之光

本案空间的整体色调给人很清冷的感觉，为了配合这种清冷的气质，空间里灯光的色温控制在了 5000k 左右。为体现大堂吧空间的气质以及在座椅区域限定范围，选择了复合形式的长方形铁艺多头吊灯。天花板中内嵌多个筒灯，为空间提供了均匀照明。

灵感5 ▸ **490**

利落的三角空间

本案选择使用稳定的三角元素，对空间进行多层次的延展。地面的三角形凹凸有致，错缝中的暗藏灯光，产生了裂缝的效果。顶面的白色和里面的胡桃色，形成了大面积的色彩对比。顶面采用大量的立式灯柱，在下面嵌入 led 灯珠进行组合式照明，在空间里形成了奇丽的景观，星星点点熠熠生辉。

灵感5○ ▸ **491**

墨色中式

带有中式韵味的大堂休息空间，大面积白色，加以深胡桃色进行结构勾勒，体现出满满的中式意味。顶面天花的暗藏式灯带设计提升了视觉高度。顶面水波纹的造型内嵌筒灯，兼顾了照明及装饰的功能。墙壁上的壁灯烘托了空间里的气氛。服务台一侧的吊灯造型简单，衬托了中式风格简约的特点。

灵感5○ ▸ **492**

雪山蓝调

本案空间的软装以白色为主色调，蓝色跳跃穿插其间，活跃了空间的气氛。天花的层级吊顶运用了暗藏灯带的设计，提升了空间的高度。灯池中间的群组式水晶吊灯，排列组合，层层叠叠，在灯光的映衬下，散发出水晶耀眼的光泽。局部顶面的嵌入式筒灯，有序地排列在方形的灯槽中，在提供照明的同时，也成为空间中的装饰。吧台后面的多宝阁每一层都有灯光的设计，打亮了阁中的装饰品摆件。

灵感5 ▸ **493**

筒灯营造烂漫气息

本案中华丽的大理石石材，加上多处金属屏
风和家具的使用，为空间增添了绚丽的感觉。
沿墙面一侧的暗藏式灯带设计，照亮了墙面
的材质。木格扇嵌入方形筒灯，在不同区域
进行灯光的点缀和补充。空间中的主要照明
来自于顶面的嵌入式筒灯，增添了空间的干
净与整洁感。

494

灵感5 ▸ **494**

金色年华

整个空间通过暖黄的色温，增添了空间的暖
意感。排成一字形的吊灯，高低错落，为空
间增加了节奏的韵律。空间中黑色筒灯照亮
了每一个陈列物品，运用嵌入式筒灯作为基
础照明，让顶部空间显得干净利落。

495

灵感 5○ ▸ **495**

流动的时间

本案空间以流线型叠加层次为主要表达手段。大堂的休闲区设计，自由而舒适。空间中大量地采用了勾勒线条的内藏式灯带进行照明。顶面大型流线型水晶吊灯，围绕空间结构进行布设，并且镶嵌在有反光材质的顶面，为空间增加了光影效果。

496

灵感 5 ▸ **496**

粗线条的细腻光影表达

大型的售楼处空间，视野开阔。在空间中最为重要的沙盘位置，设计师采用了大量组合式的玻璃水晶吊灯，悬于空中星星点点，璀璨无比。四周添加的嵌入式灯带，增加了空间的层次感。为表现木质水波纹柱的独特造型，在顶面四周内嵌四个筒灯，灯光打到柱身上，加之凹凸起伏的表面，形成玄幻的光影，极富装饰效果。

497

灵感 5 ▸ **497**

现代科技感

本案是现代科技感十足的售楼中心，在大厅中设置了两块沙盘用于展示户型。在沙盘的外面进行了透光材质的处理，让整体光晕呈现自然的效果。沙盘上方的天花造型和沙盘的形状形成呼应。整体环形流动的造型灯饰，契合了空间中的流线造型。内藏式灯带不但是空间里的装饰，也有效地为下方的沙盘提供了照明。

灵感 5○ ▶ **498**

百花齐放

设计师采用了大量的花朵造型组合点缀，吊于天花板上，配合灯光的照射，成为空间中亮眼的焦点，并且提升了空间品质和气质。天花顶面的一圈内藏式灯带，为空间在视觉上进行延展。一侧的嵌入式筒灯，照亮了书架。落地灯的光晕和嵌入式筒灯的光斑，光影交错，给空间增添了放松休闲的气氛。

灵感 5○ ▶ **499**

一团火光

进入到这个大型空间时，首先映入眼帘的要数沙盘上方的火红色组合灯具，像一朵朵红花绽放在顶面空间，成为了空间里的装饰亮点。顶面的暗藏式灯带，增加了空间的层高。筒灯根据造型需要分布均匀，成为空间中的主照明。

灵感5⃝ ▸ **500**

泡泡世界

本案是裸露顶面的售楼处空间,顶面环境复杂,设计师为了从视觉上削弱顶面的繁复,
采用大量玻璃吹制的吊灯,密集地悬挂于顶面,再通过筒灯打亮彼此,打造出一个
五彩缤纷的泡泡世界,既营造了气氛,又成为了空间里的主要照明。